硅谷未来教育系列

少年AI一百问（上）

西瓜创客/著

清華大學出版社
北 京

内 容 简 介

在未来，什么样的工作最容易被人工智能取代？AI会不断进化，最终淘汰人类？本书将着重解读AI将会怎样改变我们的生活，并对孩子们经常问的有关AI的100个问题进行解答。

本书是针对6～12岁的孩子，基于数十万中国孩子的编程学习经验和学习行为数据，打造的比较权威的人工智能读本。本书由知名少儿编程品牌、在线少儿编程录播课开创者西瓜创客的创始人肖恩老师和来自全球著名高校的知名教授、专家顾问倾力推出。

图书在版编目（CIP）数据

少年AI一百问 / 西瓜创客著. —北京：清华大学出版社，2020.9
（硅谷未来教育系列）
ISBN 978-7-302-55406-6

Ⅰ. ①少… Ⅱ. ①西… Ⅲ. ①人工智能—少年读物 Ⅳ. ① TP18-49

中国版本图书馆CIP数据核字（2020）第073355号

责任编辑：杜春杰
封面设计：刘　超
版式设计：文森时代
责任校对：马军令
责任印制：沈　露

出版发行：清华大学出版社
网　　址：http://www.tup.com.cn，http://www.wqbook.com
地　　址：北京清华大学学研大厦A座　　邮　　编：100084
社 总 机：010-62770175　　邮　　购：010-62786544
投稿与读者服务：010-62776969，c-service@tup.tsinghua.edu.cn
质量反馈：010-62772015，zhiliang@tup.tsinghua.edu.cn
印 装 者：三河市龙大印装有限公司
经　　销：全国新华书店
开　　本：285mm×210mm　　印　　张：28.5　　字　　数：524千字
版　　次：2020年9月第1版　　印　　次：2020年9月第1次印刷
定　　价：108.00元（全两册）

产品编号：084627-01

你好AI！你好未来！

亲爱的小朋友，你好呀！

我是西瓜创客的肖恩老师，很高兴你选择了一本如此接近未来的书，你一定是个对新生事物超级有好奇心的孩子，而这也正是为什么我们会在这里相遇。

无论你是否知道 AI（artificial intelligence）就是人工智能的缩写，我想你都很可能跟我一样梦想过拥有一个外星人或者机器人朋友：它们的身体有着跟我们完全不同的构造和材质，但却有着跟我们类似的思想和情感，可以跟我们交流，成为我们的好朋友和好搭档。

虽然在四岁的时候，我就在夏夜爬上楼顶，对着天空按下手电筒的按钮，试图寻找外星人的身影，但是直到今天，我都还没有找到外星人；虽然从六岁的时候开始，我就拿电子元器件设计集成电路，到今天也拥有了不同类型的智能设备，但它们始终都没有真正地拥有过类似人类的智能。

但我知道，这并非遥不可及的梦想，很有可能在你们这一代，人类就能够与足够智能的机器人朋友一起，移民火星，飞出太阳系，甚至探寻到真正的外星文明。

是的，是 AI 让我们看到并拥有了这种可能，而且 AI 和你一样，每天都在飞速地成长和进步。未来已来，它只是不均匀地分布在现在。

无论是教全球上百万的孩子学编程，还是在这本书中带你从身边开始，去发现那些藏在各种地方的 AI，西瓜创客都是在帮助你更好地迎接未来。

当你找到它们时，别忘了大声打一声招呼：“你好 AI！你好未来！”

和你一样永葆好奇心的肖恩老师

2020 年 6 月 1 日

目 录

第三章　孩子们必知的AI理论知识 197

第一章

小朋友身边的AI趣事

门禁前“刷脸”进入是怎么回事？

回想一下，刚住进这个小区时，物业的叔叔阿姨有没有邀请过爸爸妈妈和你去拍照或者上传照片呢？其实，这就是为了将你们的照片上传到门禁系统中，并且记录下你们的姓名、房号等信息。

完成这一步后，小区门口“机器”中的“算法人”——让我们姑且这么叫它——会将所有人的照片贴到一面墙上，然后仔细观察住户之间的区别。比如说，眼睛大鼻子小的是 4 栋 1 单元王叔叔的女儿，眼睛大鼻子也大的则是 2 栋 3 单元的孙阿姨。不过，眼睛大的人实在是太多了，单单凭眼睛大小是区分不开的，所以“算法人”会给每位住户的五官标上数字，如 1 ～ 10，4 栋 1 单元王叔叔的女儿的眼睛是 7.8，鼻子是 2.3，2 栋 3 单元的孙阿姨的眼睛是 7.5，鼻子是 5.6。这些结果会被记录在一个表格里，通过这种方法，“算法人”把小区里的住户总结成了表格里的一行数字。

现在，胸有成竹的“算法人”可以通知门禁系统开放“刷脸”进门了！每当有人来到门口的摄像头前——也就是摄像头发现有人脸进入拍摄区域——“算法人”都会要求摄像头拍下一张照片发给它，然后用一把尺子在照片中的脸上仔细地量。根据结果，再去表格中寻找对应的住户。不过有的时候，如果住户化了妆，导致“算法人”的测量结果有了变化，或者光线太暗，“算法人”量不准，也就很难在表格中找到完全对应的住户。可是，如果因为这样的原因而没有认出小区的叔叔阿姨并把他们拦在门外，可是会引起他们的不满的。因此，为了避免这样的事情发生，“算法人”一般都会“宽容”一些，如果量出的眼睛大小为 4.9 而表格中记录的眼睛大小为 5.0，“算法人”也会认为它们是一样的。

我用照片“刷脸”可以通过门禁吗？

作为一个合格的“算法人”，它既要让真正的住户能够进入小区，又要把陌生人拦在门外来保证小区居民的安全。它肯定不希望别人拿着住户的照片就能够混进小区。不过，说起来容易做起来难，“算法人”到底该怎么办呢？

你想一想，照片里的人虽然和真人长得一样，但是区别是什么呢？

答案是：照片是冷冰冰的，而人有体温；照片不会呼吸，而人有呼吸和心跳；照片里的人不会动，而真的人会眨眼睛。

所以，当“用户”站在门禁系统的摄像头前时，“算法人”其实早已先拜托摄像头对面前的“用户”进行检查——看看摄像头前的“人”是不是有体温，胸膛有没有因呼吸而起伏，脸上有没有什么表情。在摄像头的“火眼金睛”下，光靠一张照片是不能骗过它，让你成功进入小区的。

003

少年 AI 一百问

前面我们提到了，“算法人”是比较“人性化”的，即使五官的大小有些变化，它也不会特别“计较”。所以虽然妈妈化妆后的五官有些不一样了，但是测量结果可能还是在“算法人”的识别范围内。

更何况，“算法人”对脸部的测量可是十分全面的，除了眼睛、鼻子这种容易被妆容改变形状的五官外，还有脸的长度和宽度、下巴的角度、两侧太阳穴之间的距离等。妈妈化了浓妆可以改变眉毛、眼睛和嘴巴的样子，却改不了两侧太阳穴之间的距离。

所以，就算妈妈化了浓妆，“算法人”还是可以认出她来。

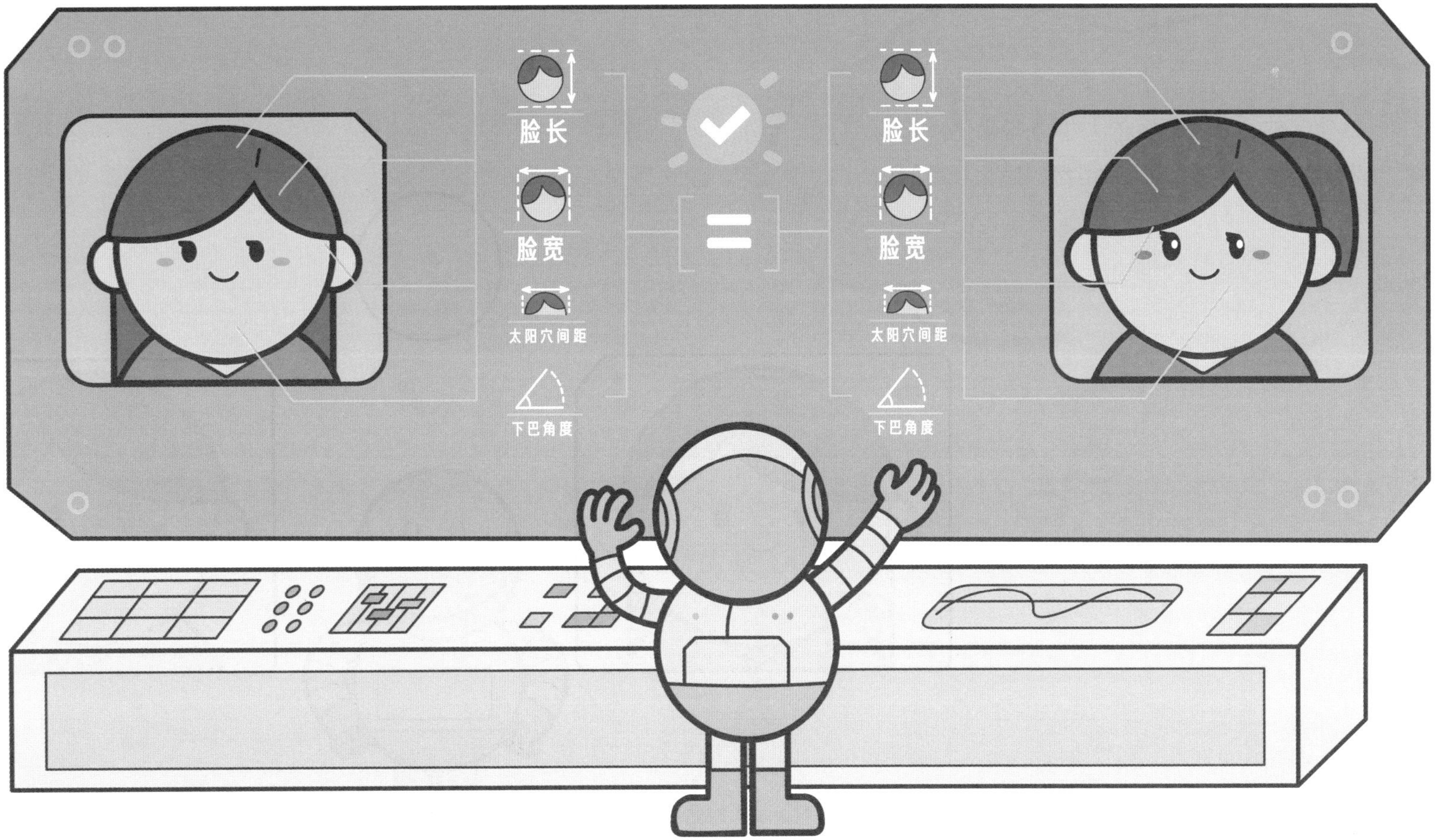

人脸识别技术发展得非常迅速，除了能够在门禁系统中用来“刷脸”，还能识别表情并且打分。这里（右边的二维码）有一个11岁孩子做的“笑容大赛”，上传自己的照片后，程序就会自动根据你的笑容进行打分，快来围观一下吧！

视频欣赏

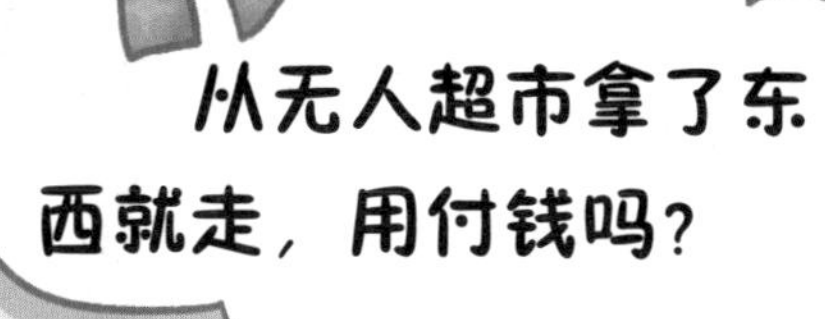
从无人超市拿了东西就走，用付钱吗？

无人超市

第一次看到无人超市时，你是不是觉得好酷？好像科幻片中的场景成为了现实。其实，在无人超市中忙碌的智能机器们，可不仅仅是酷，它们的作用可大着呢。

在我们看来，付款是在选购完商品后才发生的事情，也就是穿过支付通道的一瞬间，可是为了这个瞬间，超市中的智能机器们从你进门开始就在准备了。

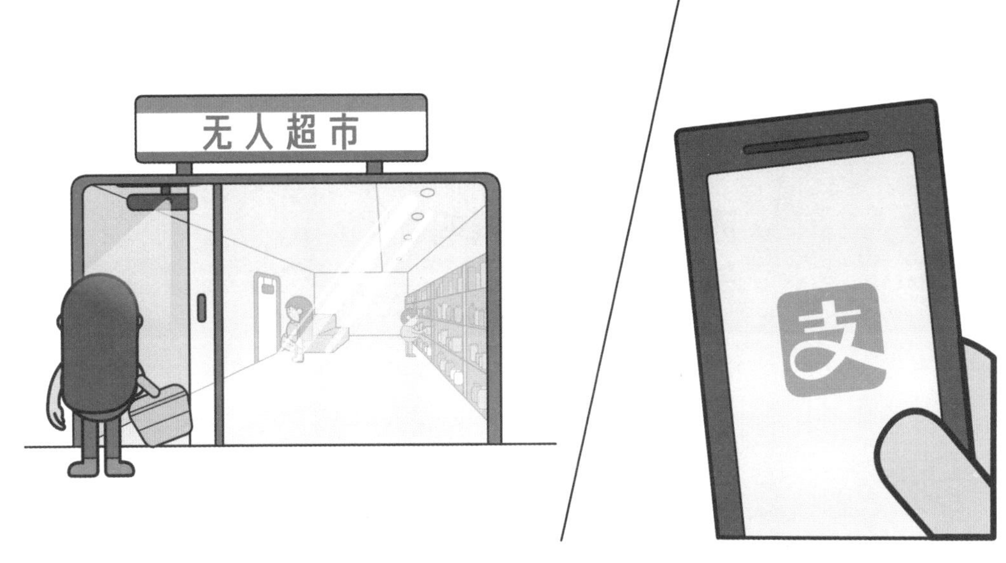

我们可以以妈妈去无人超市购物为例子，来看看智能机器们是怎么做的。

在到达无人超市门口时，妈妈需要打开支付宝或者微信支付，因为上面绑定了妈妈的身份证，所以无人超市就知道妈妈来了。同时门口的0号摄像头会记录下妈妈的形象。这一步完成后，0号摄像头会把妈妈的照片贴在账单的上方，并在下面写上妈妈的姓名和付款账号。

等到妈妈结束购物，来到支付通道，再次“刷”一下脸，支付通道通过照片就可以找到妈妈的账单，并把它转交给支付通道中的其他机器。这时，支付通道中的解读器就要开始工作了。解读器会不停地向通道中发出广播：“有人吗？有人吗？”妈妈听不到解读器的声音，妈妈购买的产品上的产品标签却听得到。一旦它们听到解读器的声音，就会大声喊道：“有！我是可口可乐 00102 号！”解读器听到了产品标签的回答，就能够在系统中查找对应的商品和价格，然后将产品名称和单价转达给小秘书，由小秘书快速地记到账单上去。

支付通道中负责结算的机器会收到发来的账单，按照上面的价格和付款账号进行扣费。这样，即使妈妈拿了东西就走了，也成功地付钱了。

005

少年AI一百问

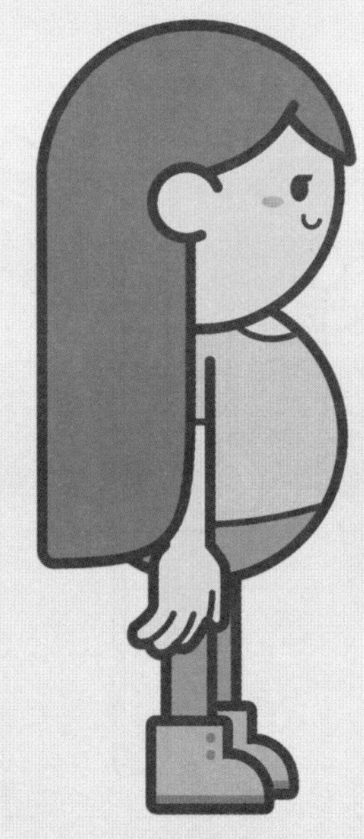

智能穿衣镜是如何实现试穿衣服的？

智能穿衣镜就像一个被训练好的服装团队，对智能穿衣镜来说，试衣人的身材非常重要。也就是说，当你站在智能穿衣镜前时，穿衣镜必须先知道你的身材如何。摄像头——是的，摄像头就是这么重要且无处不在，就像一位尽职尽责的助手，它首先会对你的身体进行扫描测绘，这个过程就像从一张白纸上剪出一个人的形状，摄像头只管把人的轮廓绘制出来，背景环境等都会被忽略。只不过人是 3D 的，所以绘制出来的轮廓也是立体的。

轮廓绘制出来后，助手摄像头就将它转交给裁缝，由裁缝来完成重要的测量任务。裁缝会拿着小皮尺，依次标出肩膀两侧的关节，如肘关节、髋关节、膝关节等，并测量出彼此之间的距离。至于它们为什么知道应该标出哪些部位，别忘了，它们可是提前受过训练的。

到这一步为止，服装团队已经知道了关于你身材的一系列数据，它们可以根据这些数据，像捏橡皮泥一样，制作出一个跟你体型一模一样的模特了，也就是你在镜子中看到的那个形象。有时，为了保险起见，裁缝还会派助手询问你的身高、体重等细节，来和自己获得的数据进行比对。如果裁缝测出你的腰围只有 60 厘米，身高是 160 厘米，助手却说你的体重有 100 千克，那一定是哪里出错了。

下一步，当你选好了想要试穿的衣服，服装团队的其他成员就需要赶快去仓库中找到对应的衣物套在模特上。这样，出现在镜子里的“你”就穿上了想要试穿的衣服啦。

爸爸的车为什么能自己停进车库？

006

少年 AI 一百问

自动泊车辅助系统最早出现在 1992 年。虽然自动泊车辅助系统并不依赖于神经网络这些现在我们说起 AI 就会想到的技术，但是我们仍然可以将其看作 AI 技术的一个应用，毕竟 AI 是一个很广泛的概念。

汽车实际上是由一个个小的系统组合起来，整体上根据控制员发出的命令执行操作的。

自动泊车时，车上的数据收集员需要首先发挥作用。信息收集员发出的信号有一个很有意思的特质——它如果撞到了障碍物会像皮球一样弹回来。所以信息收集员在工作时会不断发出信号，根据它有没有折返回来判断前方有没有障碍物。同时，信息收集员知道自己发出的信号的速度是多少，只要记录下来信号花了多长时间才回到自己这里，就可以算出障碍物离车有多远。

不过，我们的汽车也在不断的运动中，假如信号撞上了车库门口的锁又弹了回来，那么，在信息收集员发出信号时汽车离锁的距离和信号弹回来时汽车离锁的距离肯定不一样了，所以我们还需要把这个变化考虑进去。总之，信息收集员的任务就是不断测量汽车离障碍物的距离有多远。

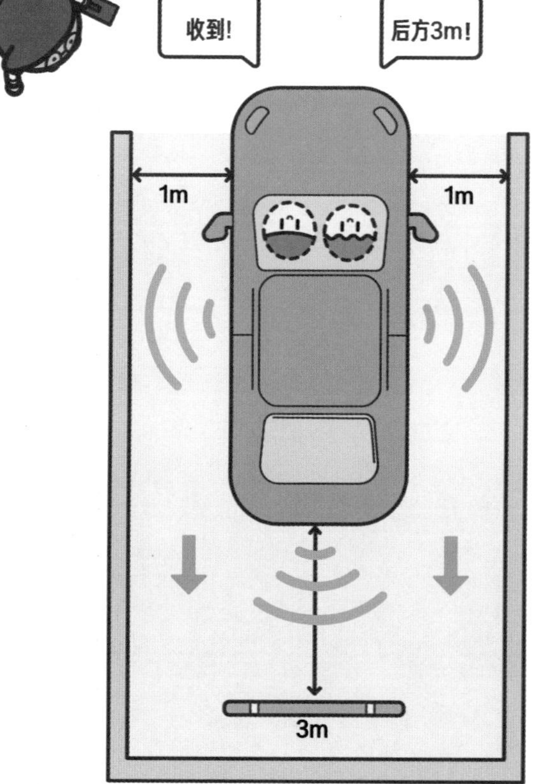

信息收集员获得了数据之后，会把数据发送给数据分析员。数据分析员还会从控制员——也就是代替爸爸驾车的驾驶员那里获取汽车的速度等信息，来综合地对汽车所处的环境进行判断。比如，数据分析员可能会在收到信息后发现，“后方 3m 检测到墙壁，左右两侧离墙壁各 1m，还可以再往里倒一倒再停”。

听到反馈的控制员则会缓缓向后倒车。这个过程会一直持续，直到汽车最终入库。信息收集员、控制员和数据分析员终于能好好地休息一下啦。

为什么告诉智能音箱想听的歌曲，它就会自动播放？

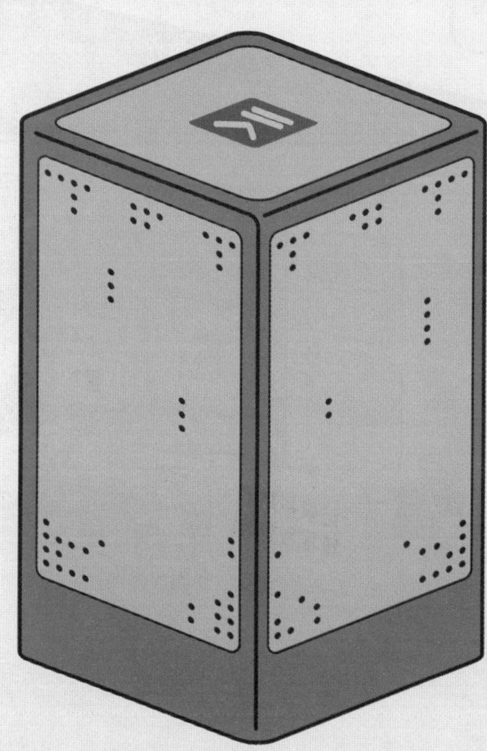

现在你已经知道了为什么这些软件可以听懂人类的语言——在智能音箱中也有专门负责记录我们人类的语音并把它转写为文字的哨兵和书记官。当然，音箱中也需要参谋部的参谋们来理解人类到底发送了什么命令，只不过它们的做法有些不一样。

参谋们需要先分类，搞清楚用户的命令是哪一类的，比如是音乐类，还是天气类。在不同的类别里，参谋有不同的部下来执行任务。如果我们告诉它想听的歌曲，参谋就可以确定接下来只需要跟音乐有关的部下了。

检测到语言！

记录并开始转写为文字！

是！

经分析，命令为音乐类。

呜呜呜！

确定了类别之后，参谋还需要判断应该让部下去做什么，白白地跑腿可不行。在我们的例子里，我们想听歌，所以参谋需要让部下去把播放器打开。

我找到这首歌了，快送去播放！

明白！

遵命！

加油！加油！

不过放什么歌呢？这又需要参谋研究书记官送来的命令，来找到歌曲的名字或者歌手的名字，然后派部下去把歌曲搜索出来并添加到播放器上。

这样子，我们就能听到自己想听的歌啦。

只要给机器装上了语音识别的功能模块，它就能听到我们说话。你可以对着扫地机器人说“打扫卫生”，可以对着智能音箱说“来点音乐”，机器统统都能做到。这里有一个 9 岁孩子做的“智能语音助手”，刚才说的语音识别功能全都有！

视频欣赏

为什么翻译耳机能把英语直接变成普通话？

不出你所料，翻译耳机里也需要哨兵和书记官将语音转写成文字。实际上，几乎所有的语音相关的应用，都需要这一步，它们可是很重要的人物。之后的任务，就交给翻译官了。

如果运气不好，碰上的是一个水平有限的翻译官，可能它的水平就和小学生差不多。回想一下你刚开始学英语时，老师布置的家庭作业里要求用英语写一篇小作文，你是怎么写的呢？是不是很多时候都需要按照写出来的中文进行单词替换？比如从中文的“我吃汉堡包”到英文的“I eat hamburger”。不过，这个方法不是很管用，比如我叫小明，如果一个词一个词地翻译的话就变成了“I call Xiaoming”。所以，翻译官还需要给这种翻译方法添加很多规则，来保证翻译出来的句子是通顺的，符合表达习惯的。

可是如果每翻译一句话，翻译耳机中的翻译官都要寻找或添加对应的规则，是不是想想就感觉很累了？而且通过生搬硬套规则翻译出来的句子很容易读起来不通顺，所以，水平更高的翻译官会用一些能够让自己更轻松的方法来翻译。

如果说，把输入进来的外语文字切成一个个小块，每一块都像“I eat hamburger”那么容易翻译，那翻译官只要把它们分别翻译出来，然后组合在一起不就好了？现在问题就变成了：每一块文字的内容有时可以翻译成几种形式，当翻译官将它们拼接在一起时，应该选择哪种形式呢？

这就需要翻译官熟读中文的各类书籍了。只有看得多，才能译得准。这样，当翻译官发现自己既可以把“It will rain tomorrow”翻译成“明天会下雨”，又可以翻译成“会下雨明天”时，会机智地选择前者。因为在它读过的书中，大部分都是这样说的。

不过，这种翻译方法也有一个小问题——每当需要把内容翻译成一种新的语言时，翻译官都需要重新学习新语言的表达。但是学习是需要时间的，这效率可不够高。

好在我们已进入了 AI 时代。现在，高水平的翻译官不再是一个人工作了，而是两两成对合作。每一对翻译官之间都有只有它们才能理解的秘密语言——就叫它 X 语言吧，就像小时候你会和自己的好朋友创造“通关密码”一样。然后，一位翻译官主要学习英文到 X 语言的翻译，另一位翻译官则学习中文到 X 语言的翻译。这样不论需要翻译的两种语言是什么，两位翻译官总是分别学习一种语言到 X 语言的转换，以使得 X 语言更精准。当他们需要翻译时，英文翻译官会把英文翻译成 X 语言，而中文翻译官再把 X 语言翻译成中文，这样就完成了英文到中文的翻译。

这样翻译，高效又准确，真的是一个好办法！

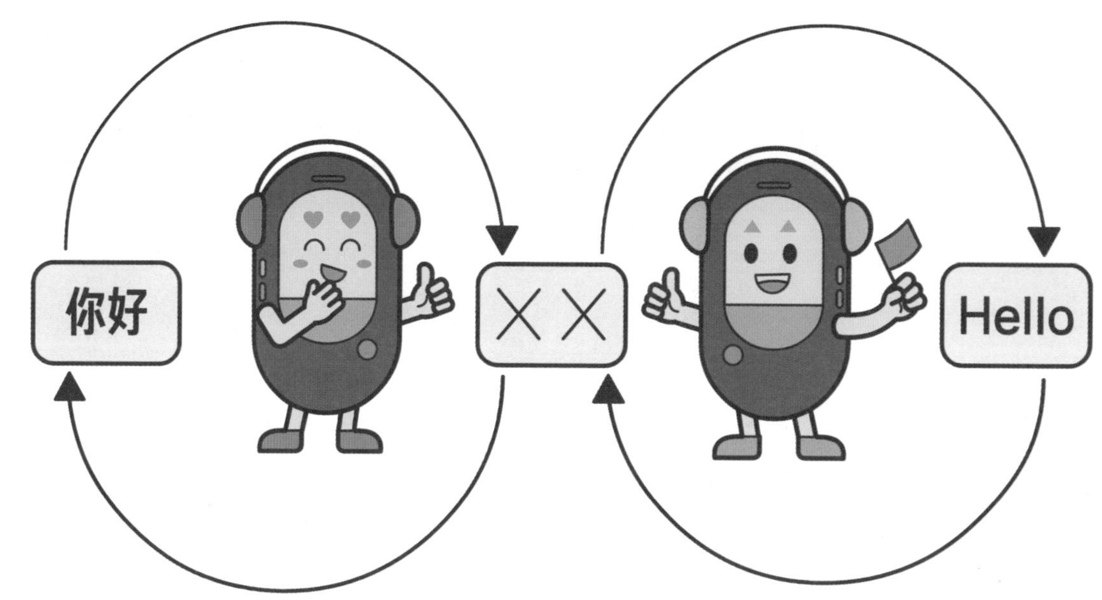

翻译耳机很神奇吧，你是不是想拥有一个？这里有一个 12 岁孩子做的“智能翻译器”，它可以把你输入的中文翻译成多个国家的语言，并且读出来给你听，快来看看这个作品，说不定你也能做出自己的“智能翻译器”呢！

视频欣赏

为什么百科全书AI能回答各种问题？

我们在上课回答老师的问题时，会在脑海中搜索学过的知识和相似的问题，聪明的问答系统也是这样做的。当你问出问题并被转写成文字交给百科全书 AI 后，百科全书 AI 需要先确定问题的类型是什么，就像你去医院看医生要先在前台确定应该去哪个科就诊一样——崴了脚要去骨科而不是去内科。如果你问百科全书 AI “今天是几号”，这就是一个日期问题；而问它“成都在哪里”，则是地理问题了。

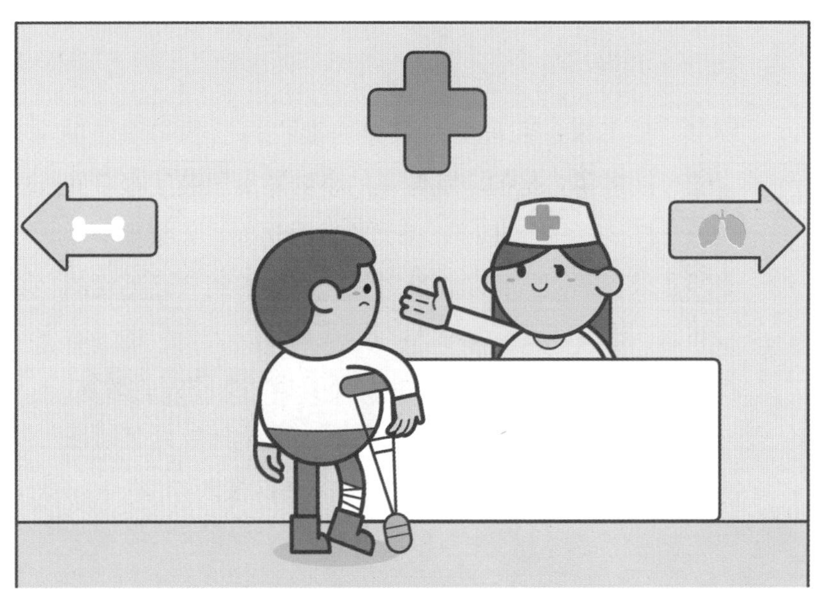

确定了问题类型后，百科全书 AI 还需要仔细阅读你的问题来保证自己理解了。以我们刚才说到的“成都在哪里？”为例，百科全书 AI 可以确定你的关注点是“成都”，并且是地理问题。

接下来，百科全书 AI 就需要在自己的知识库中进行搜索了。是的，就像你的小脑袋瓜里装了很多知识一样，百科全书 AI 在来到你的身边时，已经提前学习了很多知识。不过，有时候它也会遇到自己不懂的知识，这时，百科全书 AI 就需要借助“万能”的互联网了——上网搜索一下。也许还有运气更不好的时候，网上也没有给出答案。没有关系，百科全书 AI 还可以把搜索词换成“四川省会”来进行再次搜索。

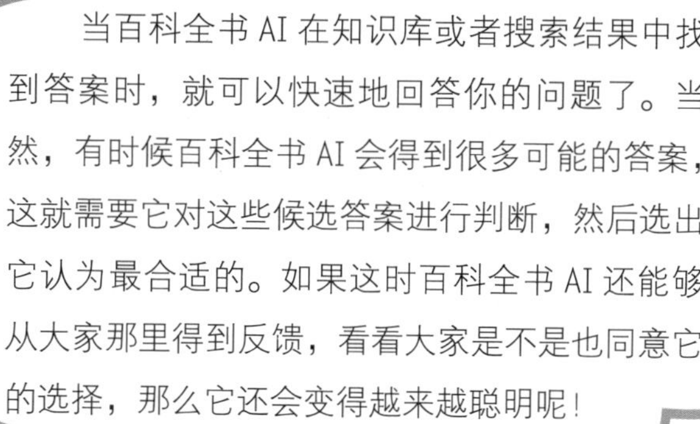

当百科全书 AI 在知识库或者搜索结果中找到答案时，就可以快速地回答你的问题了。当然，有时候百科全书 AI 会得到很多可能的答案，这就需要它对这些候选答案进行判断，然后选出它认为最合适的。如果这时百科全书 AI 还能够从大家那里得到反馈，看看大家是不是也同意它的选择，那么它还会变得越来越聪明呢！

AI机器人是如何讲故事的？

还记得我们刚上小学时，为了学习汉字跟着老师一遍遍朗读“ɑ、o、e、i、u、ü”吗？

AI机器人也需要一个小助手为它做这件事。不过，小助手会做得更细致。除了标出拼音、声调外，小助手还需要标出AI机器人什么时候需要停顿，什么时候应该念得快一点，什么时候又应该念得慢一点，等等。

学会拼音后，根据课本上标出来的拼音，即便第一次见到的词我们也可以轻易读出来。现在，AI机器人也掌握了发音，知道如何读故事，接下来，AI机器人需要“念”出这些文字。

石子投入水中会在水中荡起一圈圈的涟漪，而当我们说话时，发出的声音也会在空气中荡起一圈圈的“涟漪”。AI机器人的“视力”非凡，它可以“看”到这些“涟漪”都是什么样子的，并且通过学习掌握每一种发音应该对应什么样的“涟漪”。所以，AI机器人接收到要讲的故事后，只需要在空气中荡起对应的“涟漪”，你就可以听到你喜欢的故事了。

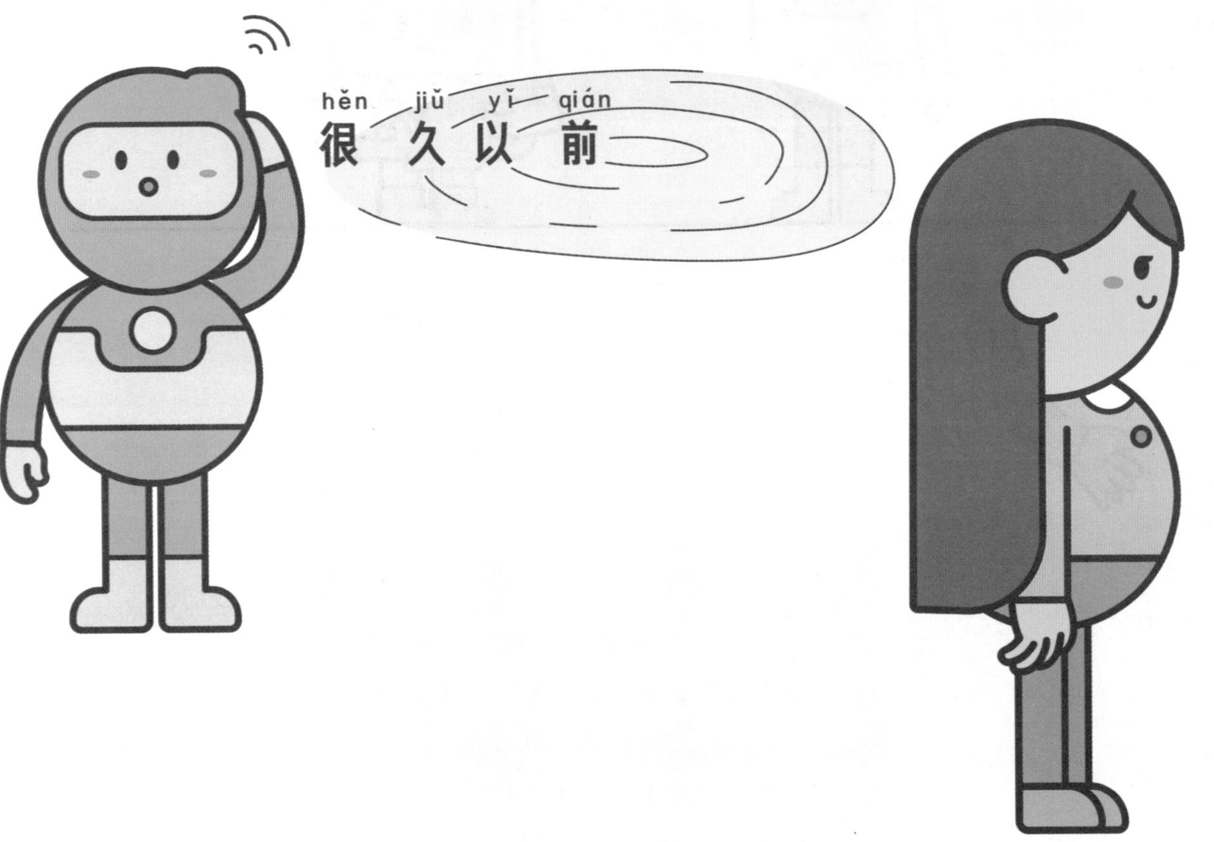
hěn jiǔ yǐ qián
很 久 以 前

今天我们要讲的故事是……

不过，实际上，在这一步，AI 机器人也可以选择“作弊”。我们前面提到 AI 机器人需要提前学习语音和“涟漪”的对应关系，也就是说，AI 机器人会得到很多事先录制的语音。那么，如果我们直接把这些语音重新剪辑，拼接成要讲的故事呢？比如说，把你的自我介绍“我叫小明，今年 11 岁，爱吃胡萝卜”首尾摘下来，变成“我爱吃胡萝卜”，不也是可以的吗？缺点是，有些时候，资料库中并没有可以用来剪辑的素材；另外，如果在第一步中标记文章时犯了一点小错误，AI 机器人就会剪出错误的内容。所以，训练 AI 机器人自己“说话”仍然是必要的。

你可能不仅想拥有一个会讲故事的 AI 机器人，还希望它会说很多国家的语言，要是还能拥有很多不同的音色那就更棒了。这里有一个 10 岁孩子做的“语音聊天小镇”，在这个神奇的小镇里，有管家、美食摊主、卖气球的熊猫等好多角色，它们不仅会说话，还能陪你聊天呢，快来看看吧！

视频欣赏

苹果手机黑屏后，为什么说“Hi，Siri”就能唤醒它？

其实，即使在你没有使用手机时——也就是手机黑屏后，手机中的有些部件也还是在运作的，其中就包括唤醒 Siri 所需要的麦克风。

麦克风就像手机的小耳朵，时刻听着外界动静。每听到一点儿声音，它都会先把声音收集起来，然后判断这段声音中有没有人说话。如果没有，音箱就会直接把声音丢掉，免得接下来收集到的声音没地方放。

如果有的话，音箱会更认真地听取内容，确认有没有人说到了“Hi，Siri”，如果没有的话，音箱还是会把这段声音丢弃掉。不过如果有的话，音箱就会飞快地通知手机里的其他部件——主人在找我们啦！

也就是说，只有说出“Hi，Siri”才能唤醒手机，就像只有用正确的钥匙才能打开家里的门一样，苹果手机的唤醒词是唯一的，这是麦克风预先设定好的。不信的话，想一想，你把手机放在一边和同学聊天时，Siri 插过话吗？

当我们对着机器说话时，机器是怎么精确识别命令并且完成命令的呢？这就需要了解语音识别的深层次原理啦。这里有一个 12 岁孩子做的“机器人管家”，它可以帮你记住钥匙放在哪里，爸爸妈妈的生日是哪天，朋友的电话号码是多少等好多事情，想要拥有这样的“机器人管家”吗？

在同一个网站买东西，为什么推给爸爸的全是手表而推给妈妈的却是化妆品呢？

其实，网站不仅仅给我们提供了购买商品的服务，它还像一位管家，为每一位在网站上买东西的顾客安排一位私人小秘书。

比如，妈妈第一次登录购物网站后，网站就会为妈妈指派一位私人小秘书，小秘书会先拿来一张空白的表格让妈妈填写相关信息——因为妈妈是第一次来到这个网站。接下来，它会寸步不离地跟着妈妈。每当妈妈打开一个产品页面，小秘书就会在表格的“已浏览”栏记下一笔——时间：3 月 10 日 14 点 23 分；分类：化妆品；产品：睫毛膏；品牌：××；价格：328 元。如果妈妈购买了一个产品，小秘书又会在“已购买”栏同样写下这些信息。

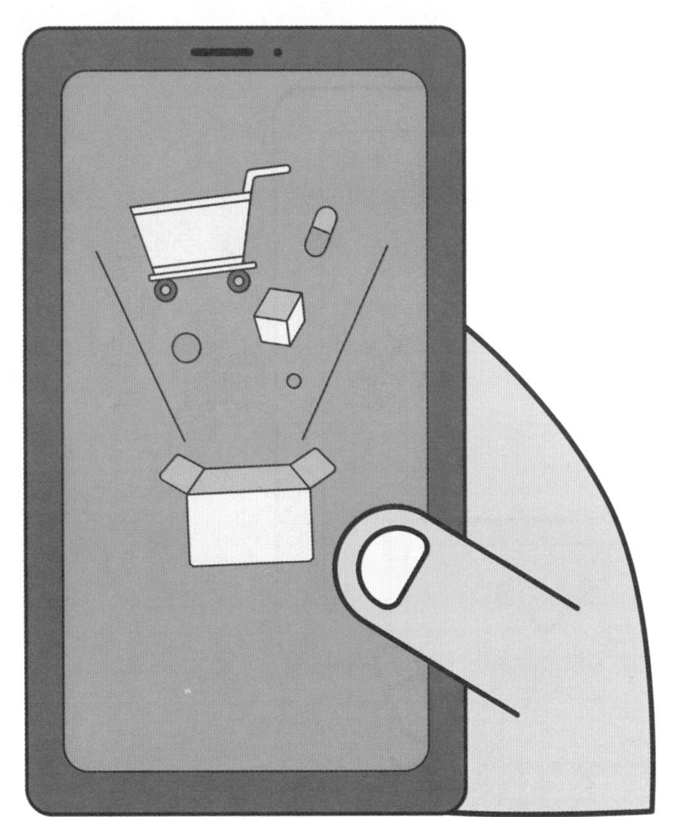

同时，小秘书需要每隔一段时间（一般都很短）就向秘书长汇报自己的工作情况。秘书长这里汇总了所有小秘书递交上来的用户表格，还有商品信息——是的，每一件商品也有一个自己的表格，上面记录了它的类别（比如运动、家具）、描述关键字（比如性价比、奢华）、销量、价格等。根据小秘书发回的最新的表格，秘书长可以做以下两件事：

（1）秘书长会检查妈妈最近最爱浏览、购买什么产品，一般都是多少钱等信息。根据这些信息，秘书长可以找到和妈妈信息相近的其他用户，可以说，这些用户和妈妈的品味很像。那么这些用户喜欢的东西，妈妈可能也喜欢。

（2）秘书长还可以根据妈妈购买的产品，检查还有哪些用户也买了这样的产品，然后进一步查找这些用户还买了什么。如果妈妈购买了睫毛膏，而秘书长发现大部分买了睫毛膏的用户还会买口红，那很有可能妈妈也会想买口红。

这样，当妈妈登录网站时，秘书长就会为妈妈推送各类化妆品了；而当爸爸登录时，秘书长就只会推送手表而不是化妆品了——因为爸爸妈妈的私人小秘书在表格中记录下来的信息不一样。

我常上的视频网站为什么总给我推送我喜欢的动画片？

其实，在这方面，视频网站的工作方式和爸爸妈妈爱上的购物网站很像，你也有一位专属小秘书记录你搜索、浏览和观看的动画片信息。

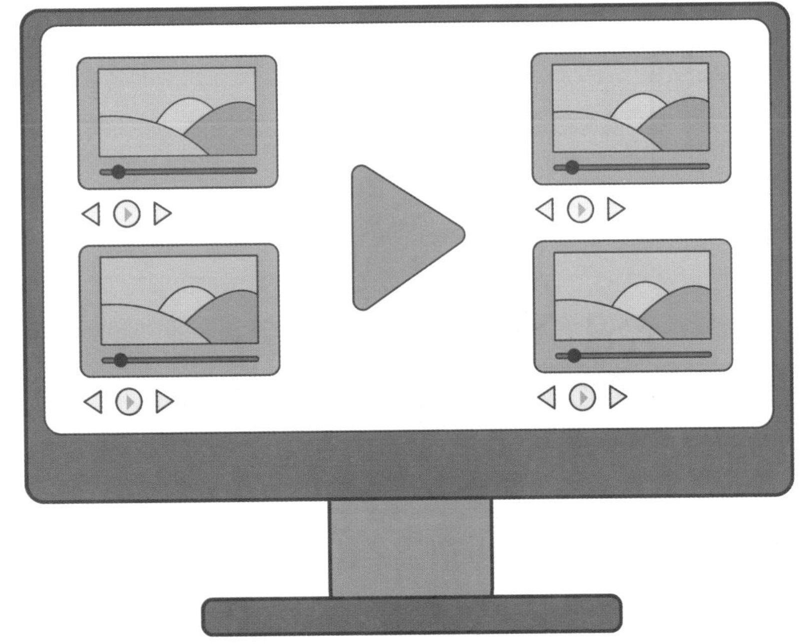

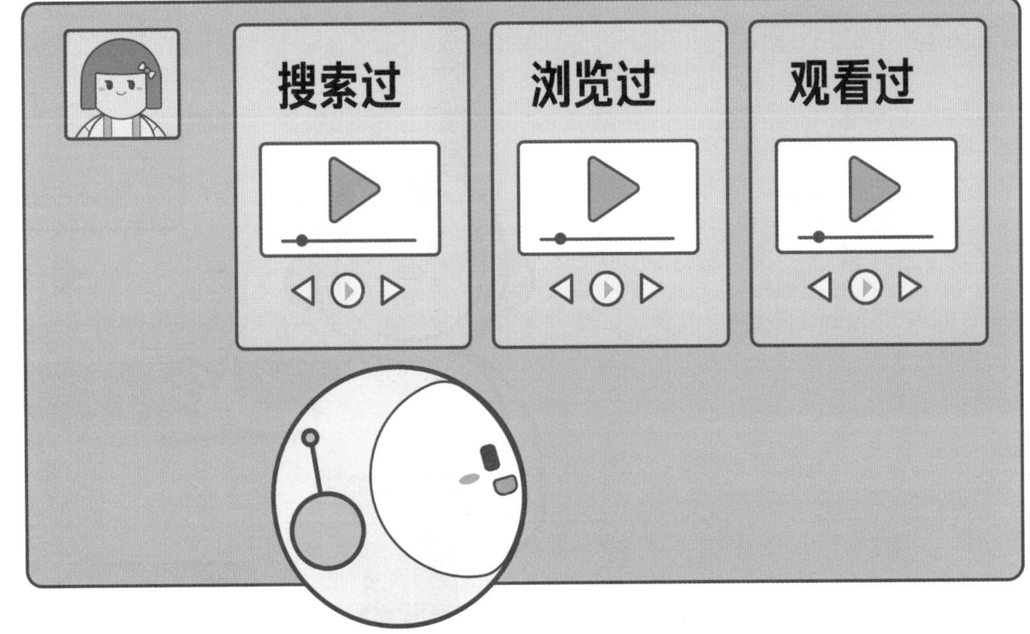

同样地，视频网站中的秘书长也会寻找和你口味相似的小伙伴爱看的视频，还有经常和你看的动画片同时被观看的视频。这两者加在一起，就组成了一个长长的推送备选单。然后，秘书长需要考虑你在这些备选中可能会更喜欢哪些。如果一般你爱看的动画片的时长都在 20 分钟左右，那么时长 1 小时的动画片你可能就不想看了；如果这部动画片已经是 3 年前的了，你可能也不会感兴趣——动画片还是要“新鲜”一点才好；一般你都是下午 5 点以后才会看动画片，现在是早上 10 点，你会想看动画片吗？这个可不好说。

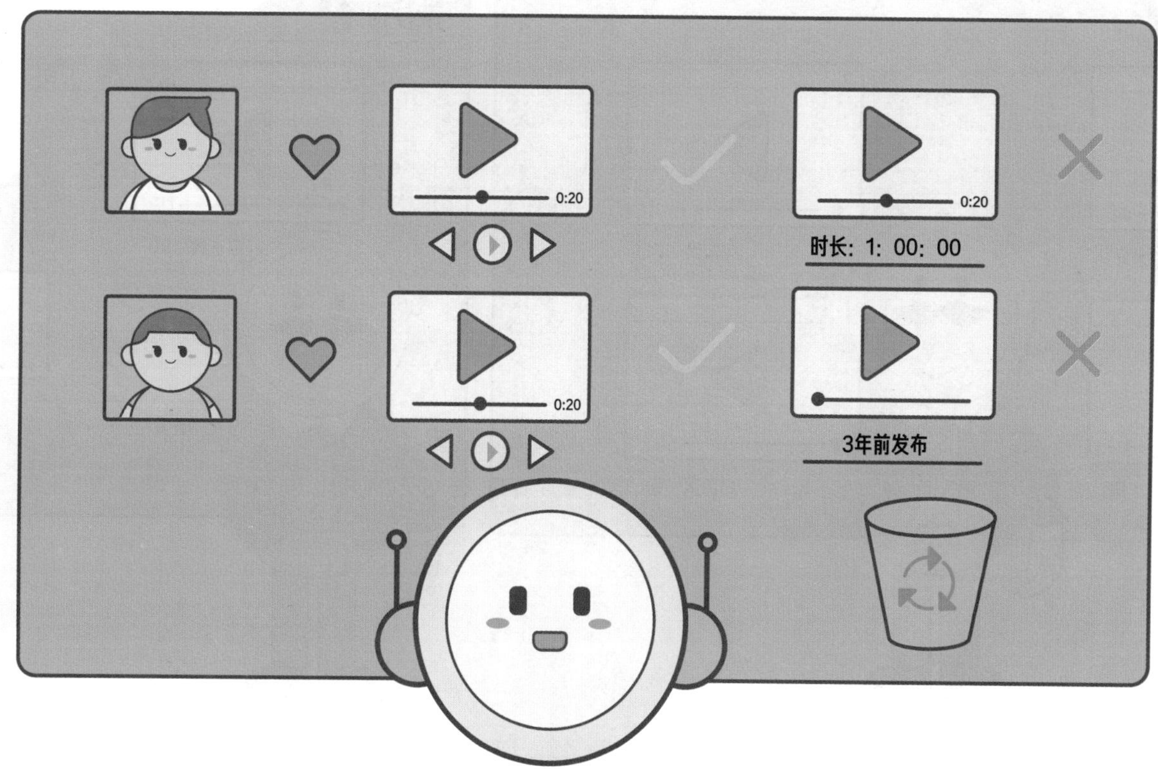

终于，秘书长考虑了很多方面的问题后，制作出排好序的视频推荐列表——也就是网站首页推荐的动画片。如果你并未观看最近推荐的视频，秘书长就知道它的判断可能不够准确，还不够“懂你”，下一次你再登录网站时秘书长就会自动降低未观看视频的排名。

为什么导航软件能听懂我讲话呢？

我们可以把车载导航中的语音识别系统想象成一个团队——车上的麦克风是哨兵，它们永远竖着耳朵，等待车上的乘客发言。当乘客说出目的地后，比如说“我要去麦当劳”，哨兵（麦克风）会记录下它们听到的所有声音——当然，哨兵看不到“我要去麦当劳”这五个字，它们只能听到这句话所对应的声音——并一字不落地转达给下一位选手：书记。书记是系统中重要的一员，只不过它平时都埋首在书案后，所以我们在车上看不到它。书记负责将哨兵发来的音频翻译成文字记下来，在我们这个例子里，就是“我要去麦当劳”，然后将文字交给参谋部。

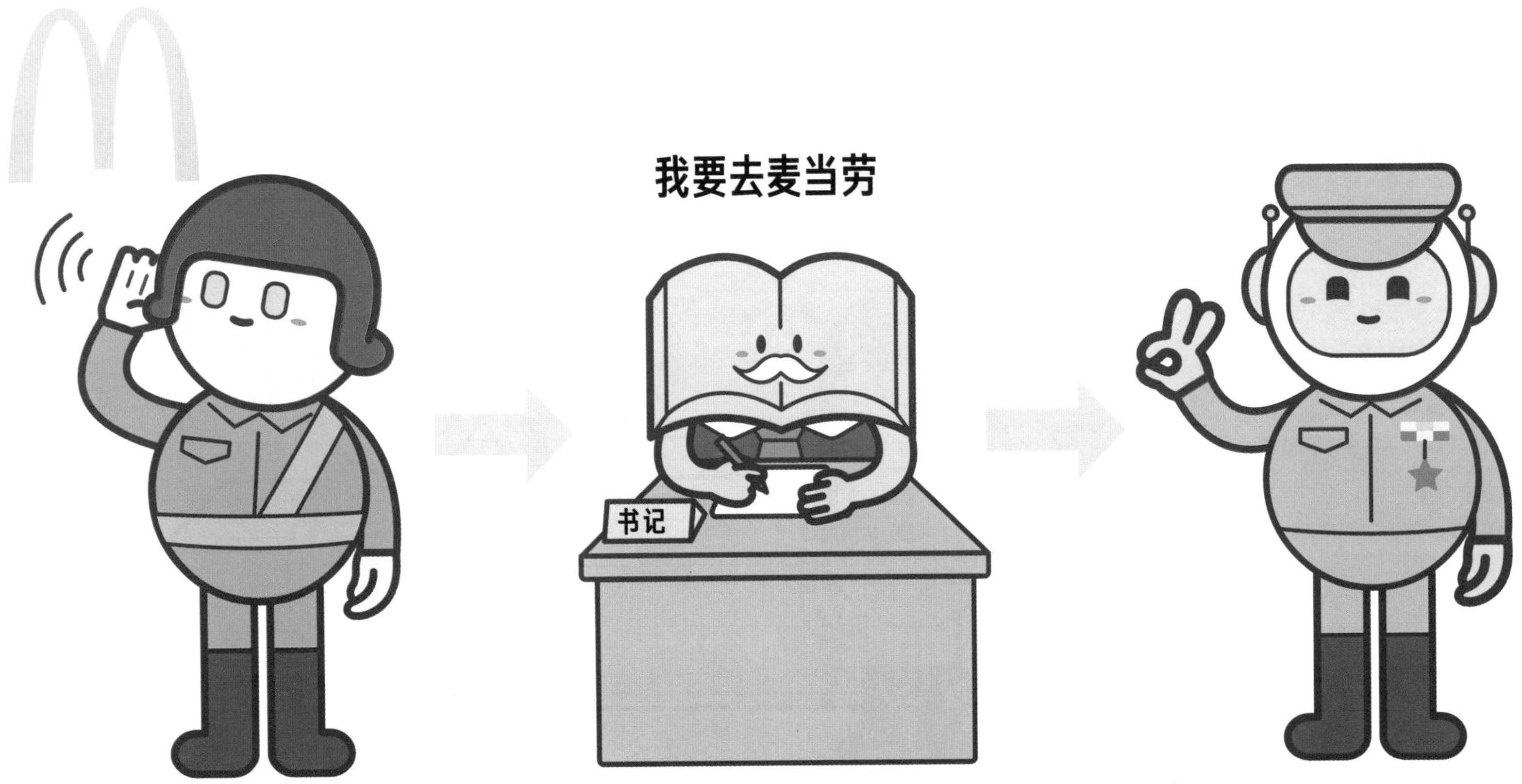

我要去麦当劳

书记

参谋部是由这个团队里最聪明的人组成的，是语音识别系统的核心，它们拿到文字时可不急着行动，而是先对文字内容进行分析。“我要去麦当劳”，显然，“我”指的是乘客而不是哨兵，“要”是什么意思呢？这个不是很确定，不过“要去”是“想去”的意思，那后面跟着的地点肯定是本次的目的地，也就是“麦当劳”。

确定了目的地以后，参谋部的参谋们才会拿起手边的地图，在上面勾勾画画，标出可能的目的地。是的，有时候参谋们会发现多个可能的目的地，比如，在我们这座城市中可能有很多麦当劳。这时参谋们会对可能的目的地进行排序——一般是按距离，并将这些目的地按可能性填到一个表格中，交给手下去张贴到告示栏里。一旦手下将这份表格贴到了告示栏中，坐在车上的乘客就可以在屏幕上看到导航中出现了刚才所说出的目的地。

当然，语音识别系统不是完美的，有时它也会犯错。可能是哨兵一时疏忽没有注意到乘客的发言；可能是哨兵不小心将乘客的闲聊也记录了进去而导致书记无法准确地翻译语音信息；可能是参谋们这次接到的信息太长、太复杂导致它们理解错了目的地……总之，虽然语音识别系统已经很厉害了，但是有时难免还会犯错。这也是为什么我们仍然不断地开发新的AI语音识别系统的原因——希望能够让它们更“善解人意”。

015

我们现在已经知道，乘客向导航软件说出目的地后，屏幕上会出现参谋们所理解的可能的目的地。在向乘客确认了目的地之后，参谋部会向卫星发送请求，获取我们的位置。我们可以把我们所处的环境想象成一个大棋盘，许许多多的建筑、汽车和行人散落在一个个小格子中，卫星就像在天上挂着的一双眼睛，俯看着这个棋盘，并且能够轻易地找到我们。但是，卫星又是怎样保证参谋部可以理解它所发送的位置的呢？原来，参谋部和卫星之间共享着同一个参照物，一般是棋盘的左下角。参谋部发送了请求之后，卫星会告诉参谋部：“正在寻找，正在寻找……找到你了！从棋盘左下角出发，向右走 3 步，再向上走 10 步，就是你的位置。”

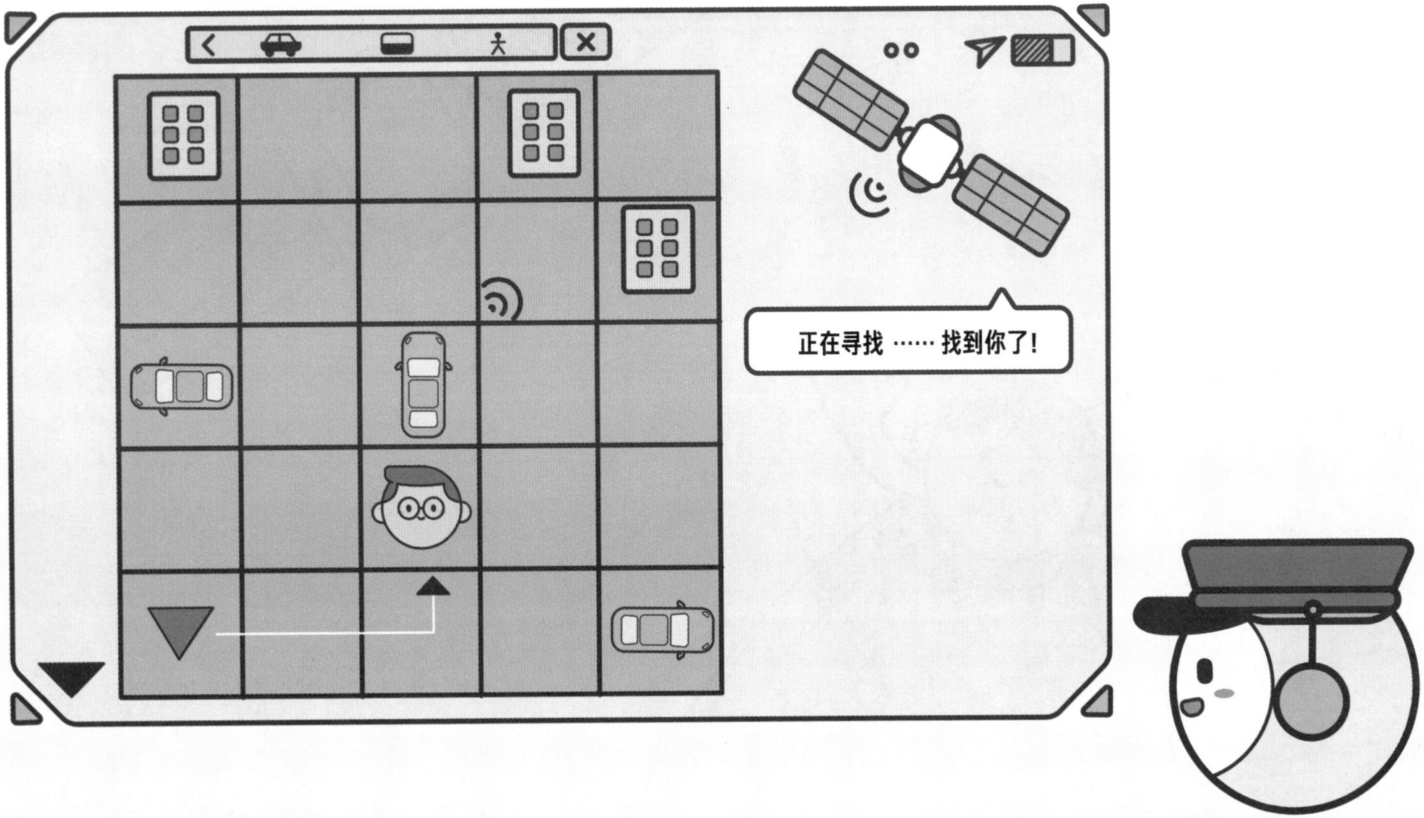

同样的方法也适用于确定目的地的位置，这样，我们就成功得到了起点和终点的位置。想象一下，在棋盘中，我们每次只能沿着格子左右走一步或者上下走一步，而不能斜着走。在起点和终点已知的情况下，聪明的参谋们可以轻易计算出要走多少步才能到达终点。通过比较需要的步数，它们就知道哪一条才是最短路线了。考虑真实世界中的实际情况，这个棋盘也会变得越来越复杂，比如单行线的存在就使得我们有时只能朝一个方向走，比如只能向左走，而不能向反方向走。

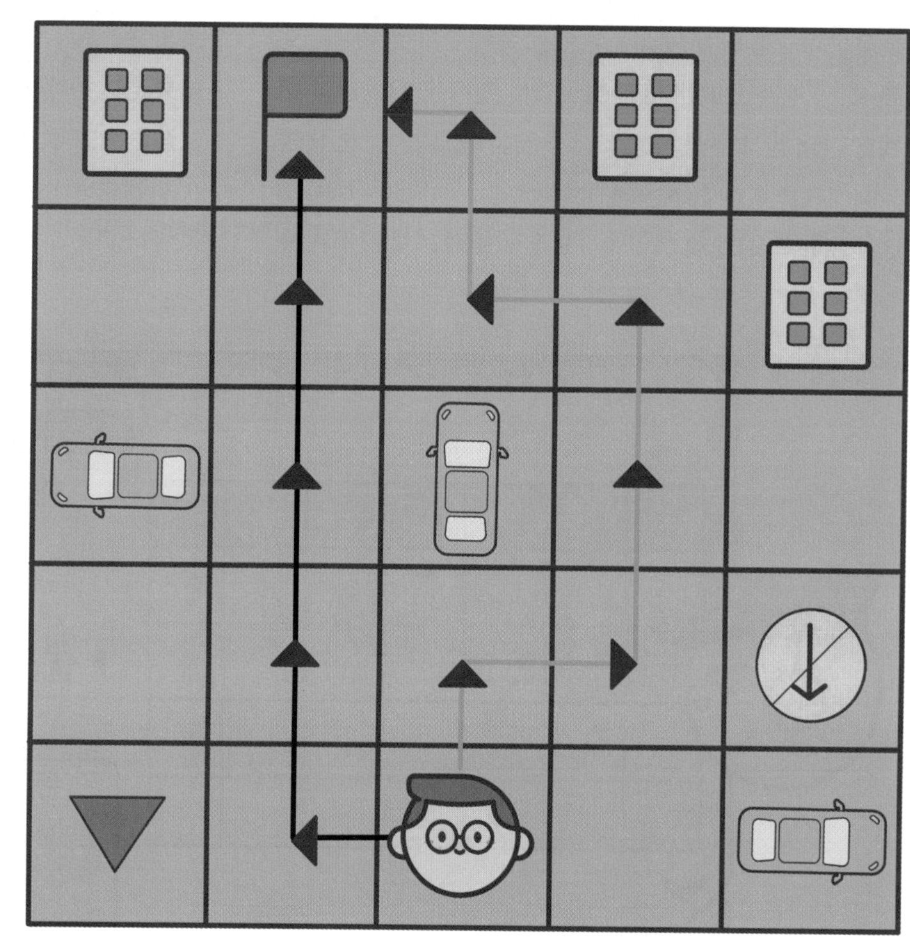

还有些时候，参谋们虽然成功找到了一条最短路线，但是由于大家都想抄近路，反而造成了堵车，所以实际花费的时间要远远大于走一条较远的路线花费的时间，导航可以说是失败了。然而，聪明的参谋们可不会轻易放弃，它们仗着和卫星关系好，又向卫星提出要求："把路上的出租车的位置，还有它们的速度和方向也发给我吧，这些都不是私家车，不涉及隐私。"卫星照做了，它告诉参谋们在离棋盘左下角向右 40 步向上 10 步附近有 20 辆出租车，这些出租车的速度仅仅为 10 千米每时，并且都在往棋盘右上方向开。20 辆出租车聚集在一起，还开得这么慢，这可不对劲，一定是有哪里堵车了。参谋们对着自己地图上规划好的路径一看，从棋盘左下角向右 40 步、向上 10 步，然后朝向右上角出发，嗬，这不是正好和我们的最短路径重合吗，这可不行。如果走这条路因为堵车耽误两个小时，选择远一点的那条路都可以开一个来回了，得赶快告诉司机绕行。于是，跑腿的手下又一次冲到告示栏前，急急忙忙地向司机传递消息："前方堵车，建议绕行。"

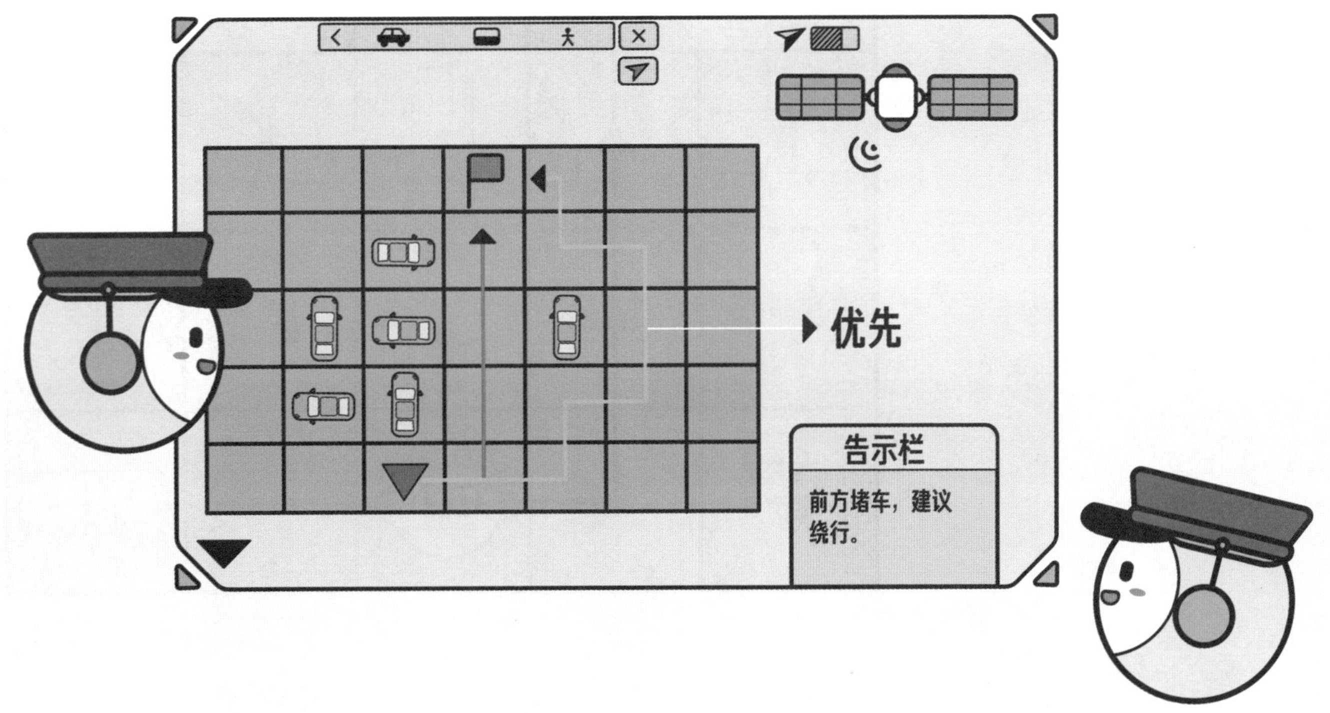

路况持续变化，导航软件是如何做到及时更新的？

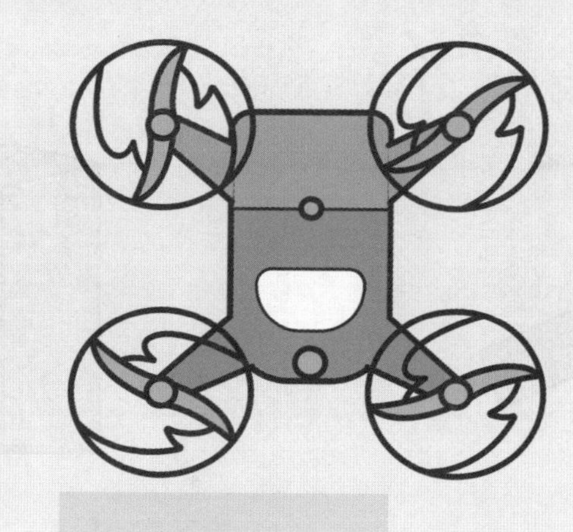

016

少年 AI 一百问

前面我们讲到，导航软件规划路线时并不是“单打独斗”，而是需要卫星的帮助。其实，导航软件实在是一个“善于交际”的人物，在路况更新上，能依赖的“好朋友”可不少。

导航软件每隔一段时间就会和遥感卫星确认地面的情况。遥感卫星站得高看得远，可以轻易帮导航软件掌握整个城市的面貌，这个信息可以作为导航地图的基础。

之所以这只能是导航地图的基础，是因为卫星离我们实在是太远了，只能看一个大概，就像我们站在大楼顶上向下看，汽车都变得像小蚂蚁一样，很多的细节都看不清了。

拿我们之前的“棋盘”的例子来说，它就是导航软件利用从遥感卫星那里得到的地图先画出来的格子。

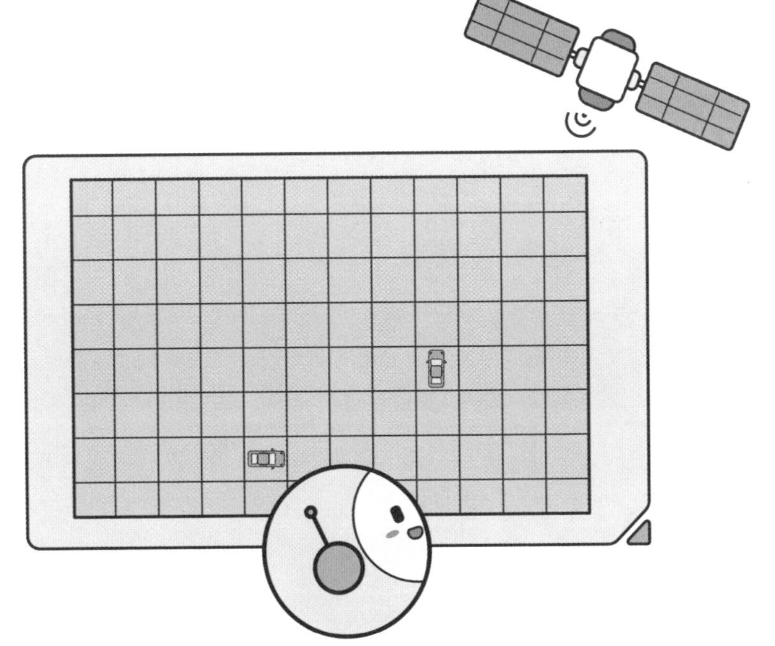

接下来，导航软件会去联系无人机，问问它们能不能飞到城市上空拍一些照片，这样导航软件和之前画出来的格子一比对就知道格子内部的细节应该是什么样了。

这样，导航软件就把城市的地图画得七七八八了，剩下的就是一些小街小巷和临时施工造成的道路变化了。不过，遥感卫星和无人机在这方面可帮不上忙——遥感卫星看不到这些细节，无人机隔一段时间才会工作，更新的速度不够快。

为了解决这个问题，导航软件要长期聘请很多人，或开车、或步行在城市的大街小巷。他们会随身带着 GPS（全球定位系统），所以导航软件能知道他们都去了哪里，并可以把这些路线记录在自己基本画好的地图中。

由于这些人常年穿梭在城市中，自然也会及时地发现哪里修路了、哪里改道了。导航软件也就可以及时地更新自己的地图。

我们小区有好几个门，为什么司机每次都会把妈妈送到同一个门口？

还记得我们提到的GPS吗？GPS可以在地图上不断更新我们的位置。在打车时，打车软件的GPS会一直开着——为了服务，更是为了安全，所以打车软件也就会标记我们每次打车的起点、终点，并记录下每次行驶的路线。

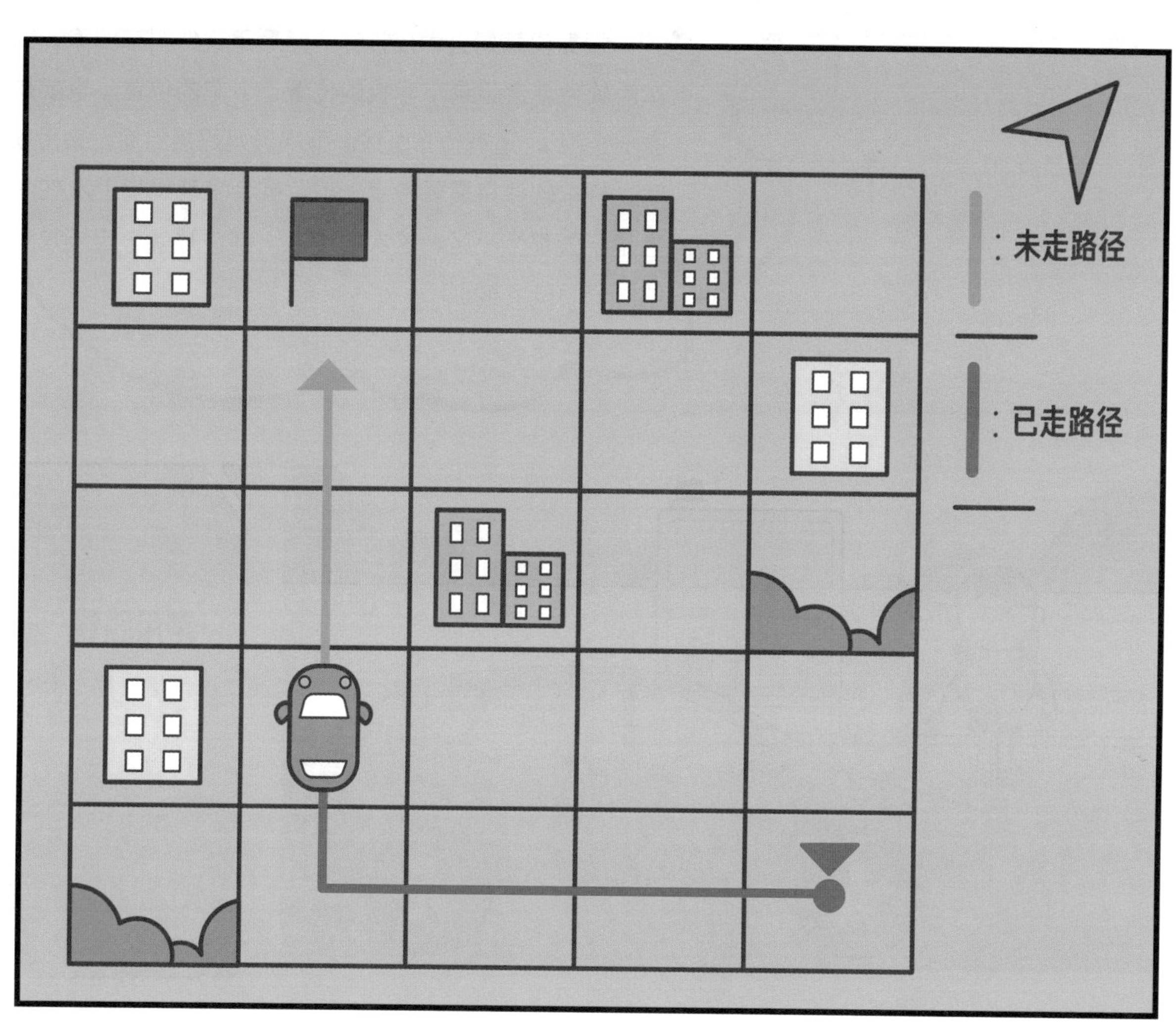

假如说妈妈去学校接你，然后用软件叫车回家，第一次叫车时软件就会记录下学校的位置、下车的位置（也就是小区的哪一个门），还有行车路线。下次当妈妈接到你，又用软件叫车时，打车软件只需要检查一下，就会发现妈妈上次在学校叫车也是要去那个小区，这次的终点一样，那就一定还是想在小区的那个门口下车了！

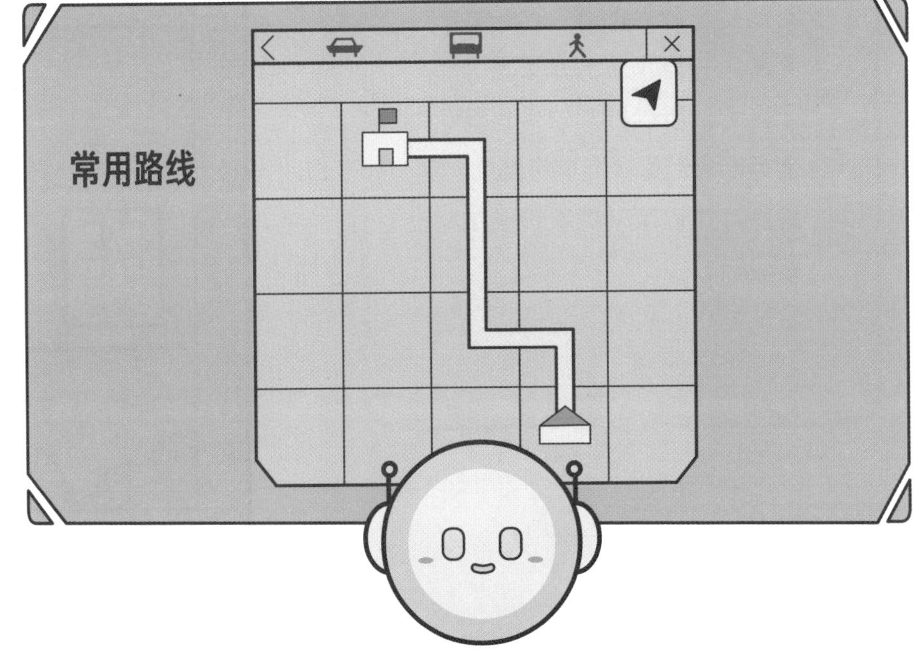

有趣的扫地机器人是如何扫地的？

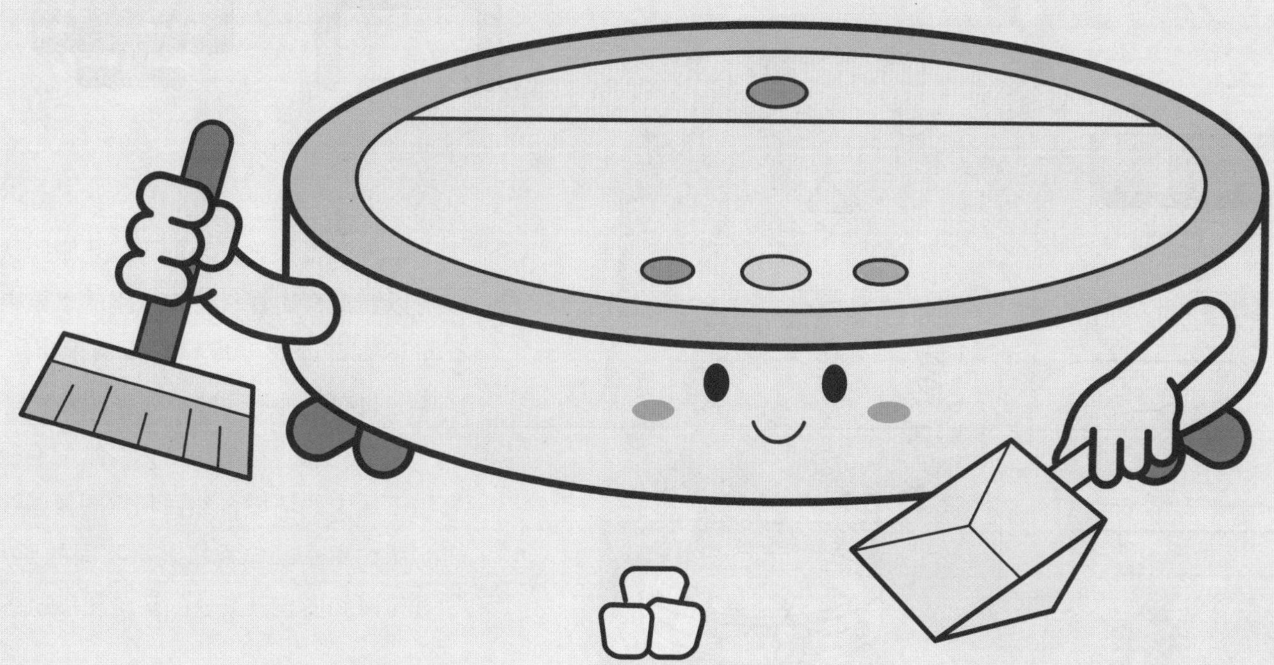

想象一下，你到了新学校的第一件事是不是要到处走走看看？扫地机器人到了家里，也需要先“熟悉环境”。只不过，它们熟悉环境的方法有很多种。

对人类来说，我们可以用眼睛认出草莓，也可以靠草莓的香气将它从别的水果中挑出来，甚至还有可能靠手摸把它辨认出来。扫地机器人呢，也有三种不同的办法来探索家里的环境。

第一种：有的机器人身上配有摄像头，可以拍下屋内的环境，然后利用图像里共同出现的地标（如桌子、电视机）将不同的照片拼接起来，就可以知道自己所处的环境和移动路线。

第二种：机器人也可以使用类似于用 GPS 定位的方法，不过这次不会用到卫星。扫地机器人会用它的充电座来当地图上的参考点。然后，在运动过程中，扫地机器人会不断跟充电座确认自己的位置。不过，这样做有一个问题——扫地机器人只能确定自己和充电座的相对位置，它其实是“看不见的”，也就是说它无法提前知道屋子里哪里有它会撞到的家具，或者哪里有人站着，只有撞了以后才知道。

所以，这样的场景就有可能出现：

“充电座，请发射信号，我需要确认位置。”

“信号收到，我现在和你的夹角有 30° 。”

“充电座，再发射一次信号，再确认位置。”

“嗯，夹角变成 31° 了，目前还不错，没有障碍物……哎哟！撞了撞了！快记下来，夹角 31° 的时候会有障碍物。”

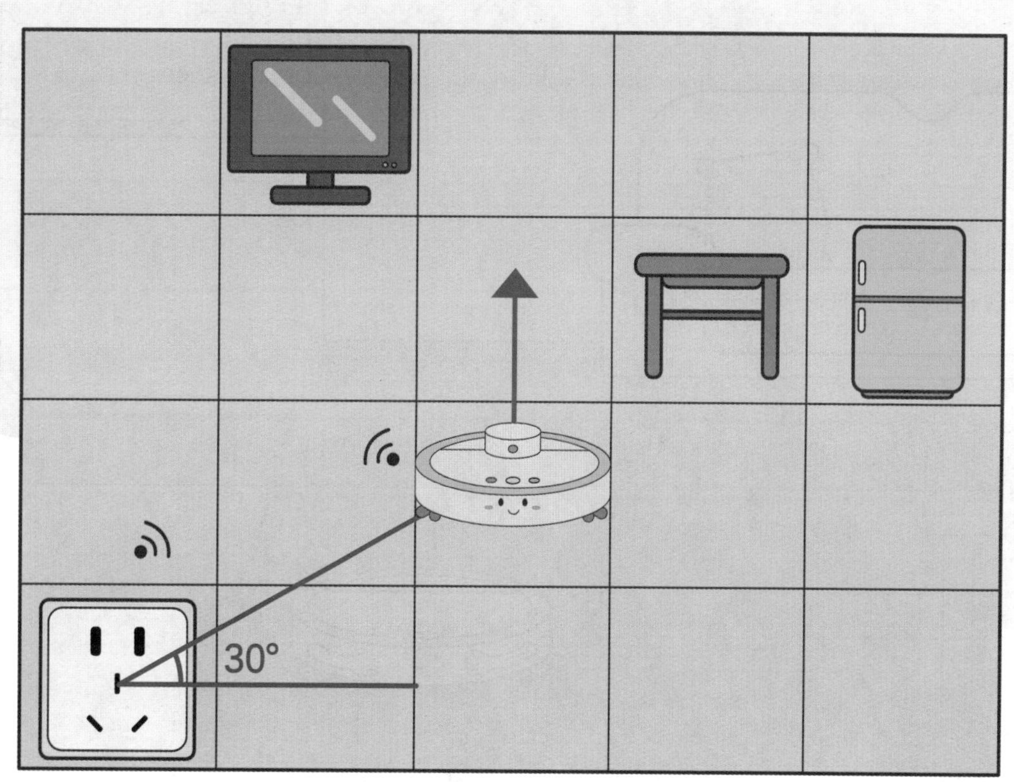

第三种：扫地机器人身上还可以配备一种信号发射器。还记得我们在自动倒车入库中讲到的雷达吗？这种信号发射器和雷达有点儿像，只不过，它发射的信号更精确。根据撞到障碍物反射回来的信号，扫地机器人可以确认障碍物（墙壁、家具等）和自己的距离。由于这样的机器人不用移动就可以“看到”很远，所以它看起来更“聪明”一点，甚至它在开始工作之前就已经熟悉家里的环境了。

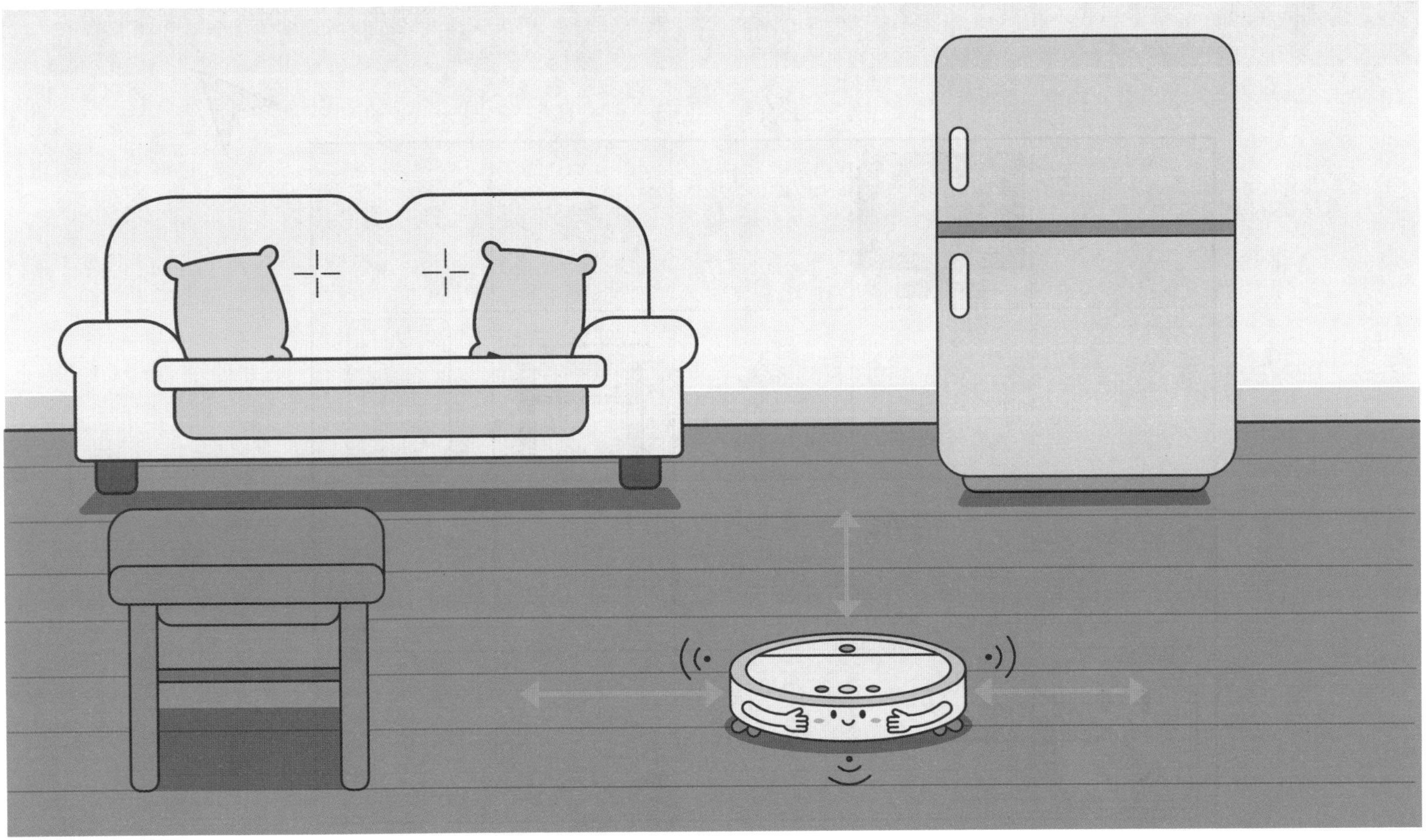

一旦室内地图确定——当然，它在“探索”的过程中其实已扫了不少地了——扫地机器人再工作时就只需要规划路线以保证自己走遍每一片空地把家里打扫干净就可以了。

此外，它在工作过程中也需要不断检测环境，以避免因为实际路况和它记载下来的路况变得不同而导致的避障失败。比如说，你偶尔站在了机器人的工作路线上，这就是它之前从没发现过的“障碍物”，它需要及时发现并绕开你；或者妈妈做了大扫除，把家里的沙发换了个位置，扫地机器人也需要及时更新自己的地图，确保把该扫的地方都扫到。

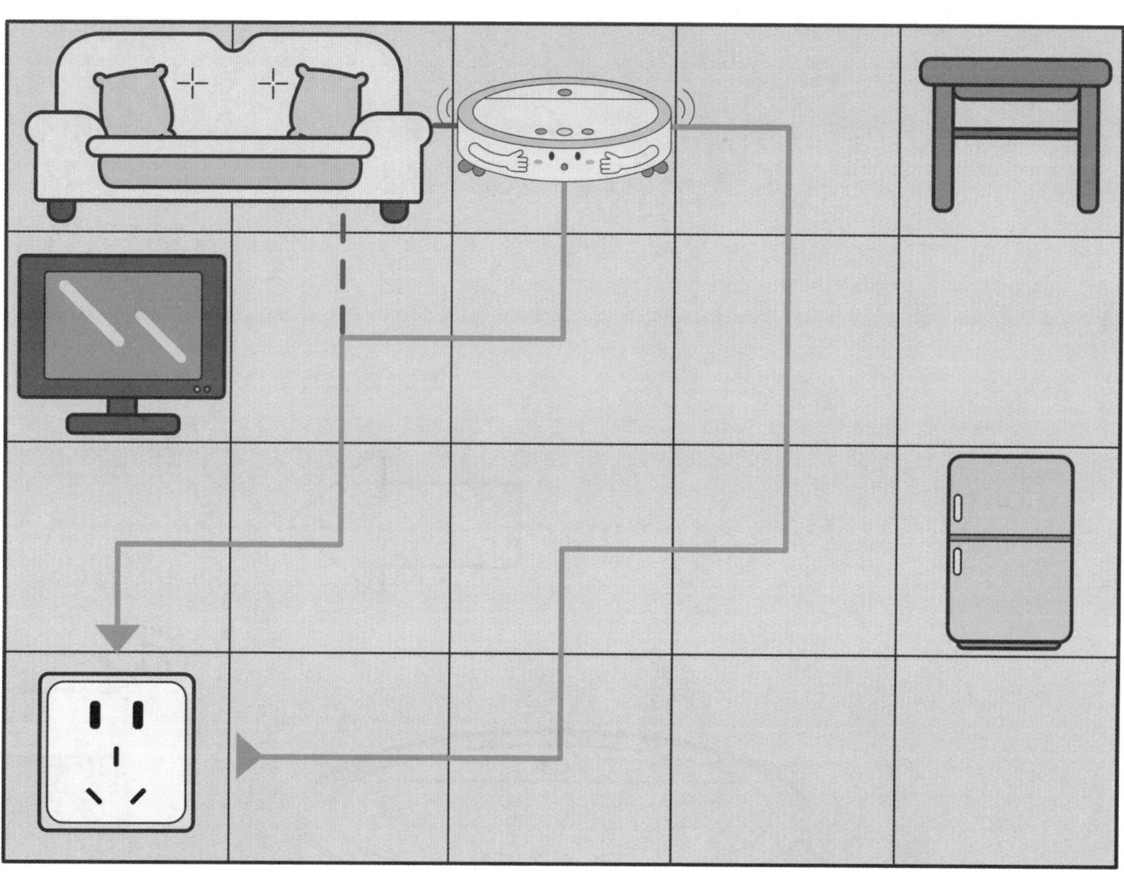

为什么扫地机器人会自己去充电？

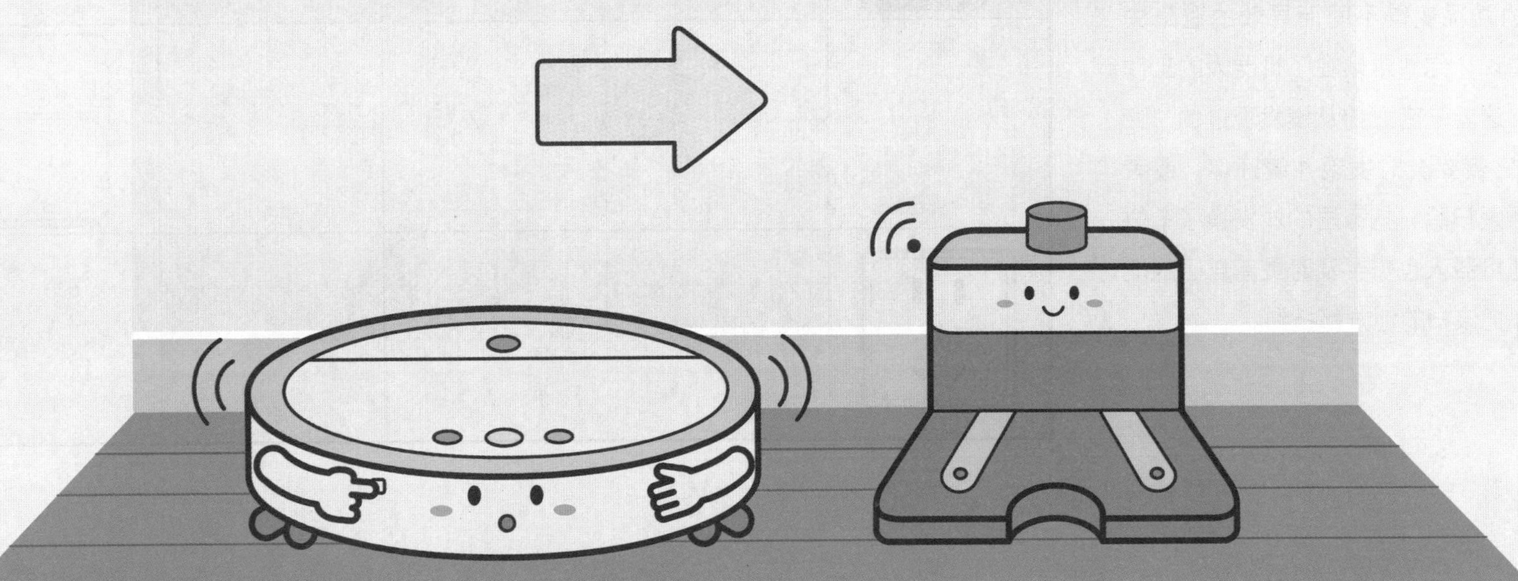

扫地机器人也是用电池的，就像我们的手机一样。扫地机器人能够实时监测自己的电量。就像扫地机器人派了一个小兵去守在电池旁一样，每隔一段时间，小兵就会检查一下电池的电量。

如果电量还够，它就会默默蹲回去等着下一次检查。一旦电量不够了（如低于 20%），小兵就会举起大喇叭在内部通报："没电啦，没电啦！别扫地了，赶快回去充电！"

这样，扫地机器人就知道自己的电量不足必须马上去充电了。它会启动自己的控制器，向四面八方发送信号，充电基座上有一个接收器，那么多的信号，总有一个会被接收器收到。

一旦充电基座的接收器收到了信号，就会沿着信号来的方向发送信号回去，这样，它就能找到扫地机器人了。扫地机器人身上也有信号接收器，收到后会告诉控制器："收到充电基座发回来的信号啦，可以不用发射信号了。"控制器则会催促它："好的知道了，那你赶紧回去充电吧，别磨蹭。"

这样，扫地机器人就可以在没电之前返回到充电基座上充电了。

可爱的AI宠物能陪伴我长大吗？

AI 宠物的“皮肉”是用高科技材料制成的，加上它们本质上是没有生命的机器，因此，它们比人类更“坚固”，不会轻易被摔坏，也不会像人类一样会感冒、发烧、生病。但如果 AI 宠物身上的零部件坏掉了，或者它不幸真的被摔坏了，那就必须返厂维修了。最坏的情况下，我们必须得换一个新的才行。

由于 AI 宠物会把所有与你有关的记忆都备份上传云端，所以新来的 AI 宠物会像原来的宠物一样懂你，也会像原来的宠物一样跟你互动。

但你会认为它们是一样的吗?

AI 宠物可以通过某些方式，比如把数据重新下载到新的 AI 宠物上来实现永远的陪伴，但怎么看待这件事情，能不能接受这件事情，取决于你自己。

分离是一件很令人害怕的事情，我们无法避免这件事情，但我们可以控制自己看待它的角度——我们所经历的，永远保存在我们的记忆里，这样想来也就没有分离了。

我相信，随着你慢慢长大，你一定能更好地面对这件事。

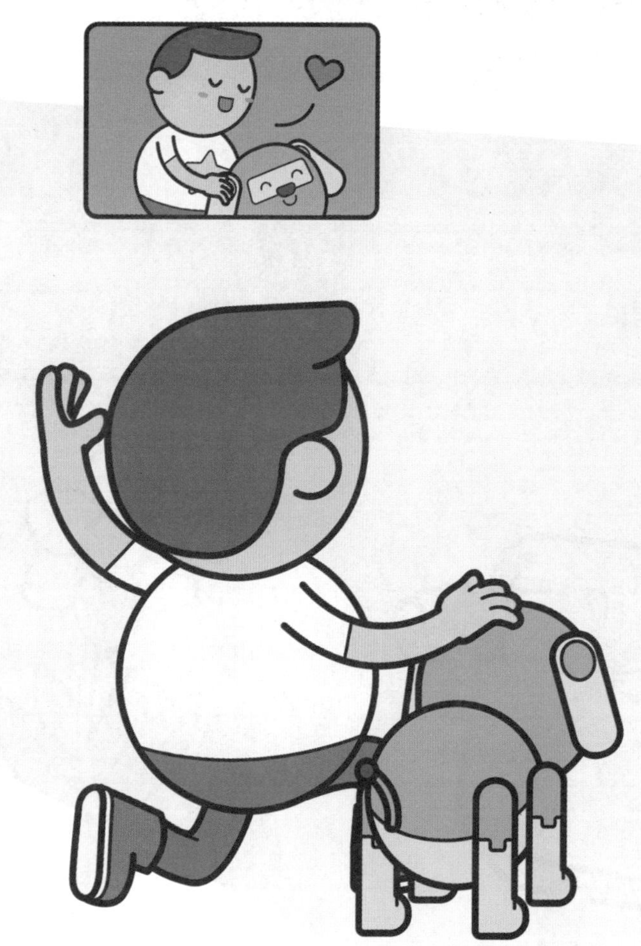

识花APP是如何通过照片认识花的呢？

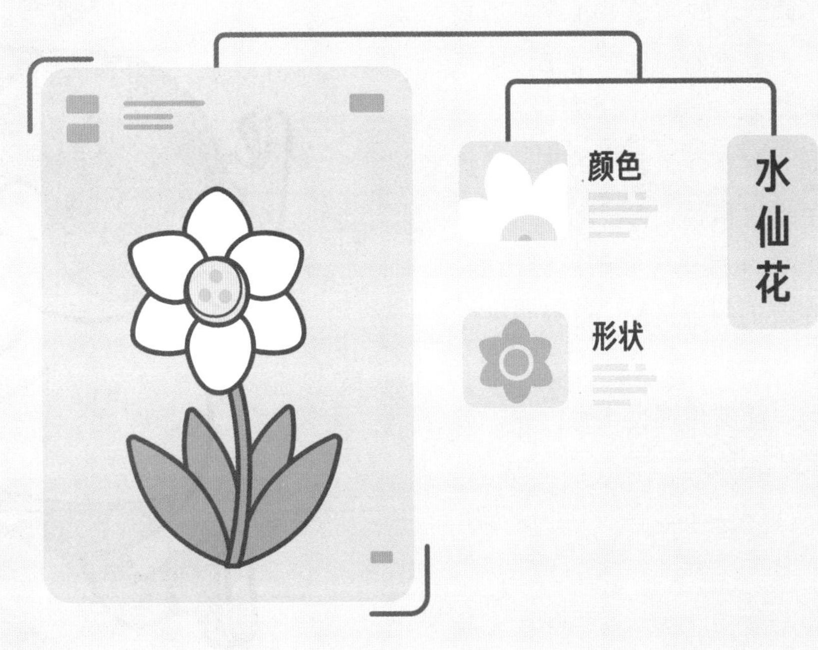

显然，有一些描述对猫和狗都适用，比如照片上的动物有四条腿；有一些描述则只对猫狗的其中一个适用，比如这种动物喜欢游泳，那只能是狗啦。越快找到这样能够区分两种动物的描述，就能够越快结束这个游戏。

让我们先来和妈妈一起玩一个游戏：现在你手上有两张照片，一张上面是猫，一张上面是狗，你需要在心里选择其中一张，然后用语言向妈妈描述那张照片，但是不可以直接说是猫还是狗。妈妈只知道有一张猫和一张狗的照片，不知道你选的是哪张。你要说什么才能让妈妈猜到你的选择呢？

识花 APP 背后就是使用了这样的原理。

在 APP 来到你的手上之前，它需要经过一系列的“训练”。训练师会向 APP 展示大量花的照片，并要求 APP 猜测这是什么花，然后告诉 APP 它的猜测是不是正确的。如果猜测正确，就得一分，猜错则不得分，所有照片展示完毕后计算 APP 的总分，而 APP 需要尽量取得更高的总分。为了能够尽可能准确地回答出花的品种，APP 会找出各种花的特别之处。比如，水仙花就长得很有特色，它的花瓣一般带点儿黄色，花蕊外面还有一个长得像碗一样的保护罩。经过几次这样的训练之后，APP 见到水仙花就能很快认出来了。

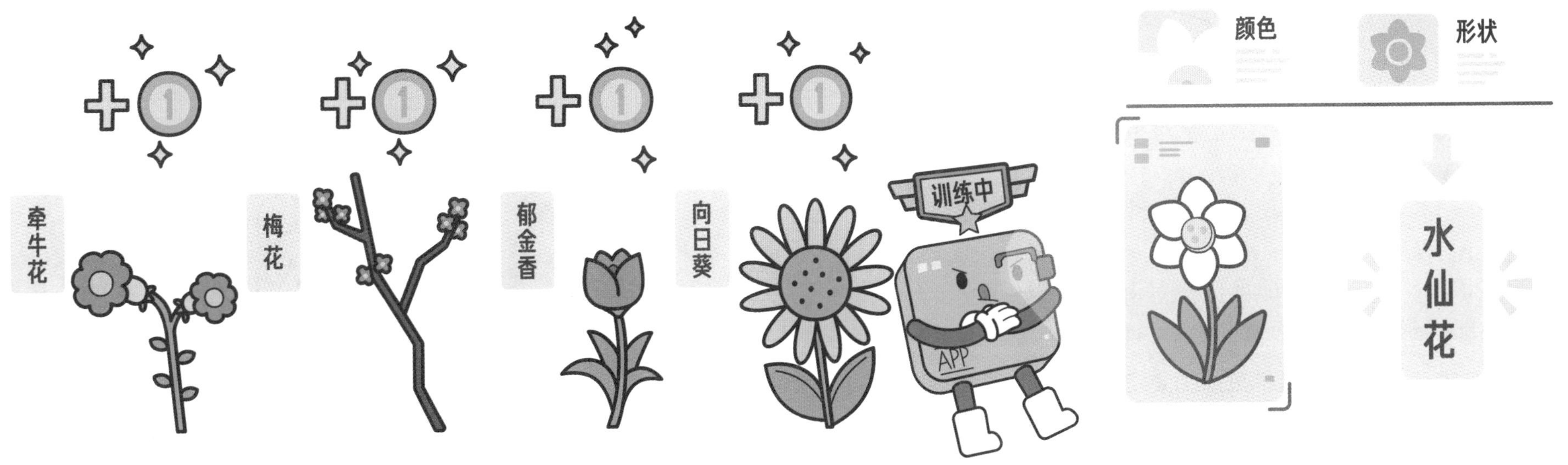

现在“训练有素”的 APP 可以来到你的身边了——当你用手机拍下花的照片，即使 APP 在之前的训练中并没有见过这张照片，通过在照片中比对它之前学习到的不同花的特点，也可以准确地回答花的名字和花的相关信息。

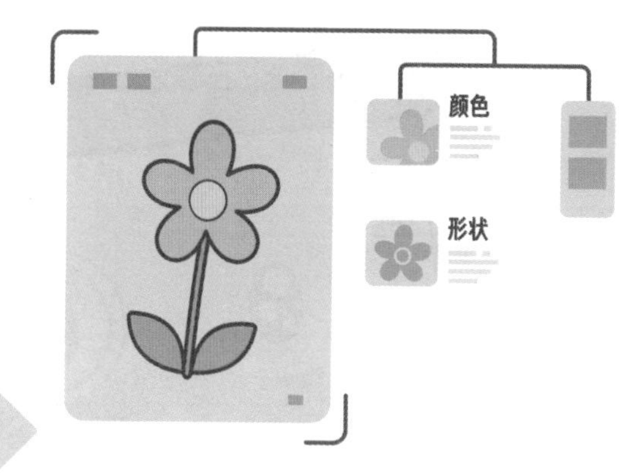

既然这些厉害的 APP 可以识别不同的花，那么采用相同的原理，它们也可以识别不同的人脸吗？聪明的你可以思考一下这个问题。

这个英语APP怎么能随时测试我的英语口语水平呢？

I’m good at English!

想想看，考听写时你是怎么做的？每听到一个词，你就会飞速在脑海中寻找对应的汉字，然后把它写下来。为了能够准确地判断你的口语水平，英语 APP 也需要完成一场“听写测试”。一旦你开始说话，它就会在系统中飞快地记录下它所理解的跟你的发音对应的单词。有了这些记录，英语 APP 就可以从表达清晰度、逻辑性和丰富度三个方面依次为你打分了。

清晰度 80分

逻辑性 30分

丰富度 40分

表达的清晰度，主要指的是你发音准不准确、语音语调容不容易理解，还有说英语时是否流畅。如果英语 APP 请小明用英语做自我介绍，他却说得有些磕磕巴巴：“嗯……你好，我叫……嗯……小明，今年 10……岁。”那英语 APP 就只能在表达清晰度方面给小明打一个很低的分数了。

此外，即便小明可以很流畅地用英语表达自己，如果他总是用同样的句型和词汇，也很难说他的口语水平是很高的。想想看，如果不管英语 APP 出什么题目，小明都按照“我认为……，有以下几个原因……”的套路来回答，你觉得小明的英语口语好吗？所以，英语 APP 还需要仔细分析小明说的内容，看看他答题时用的词汇和句子结构是不是既多样又准确。

最后，也是最重要的一点——逻辑性。我们学习英语是希望能够用英语表达自己，英语 APP 会判断当它问小明对于某一件事情的看法时，小明能不能很好地说出自己的看法，并且有没有给出合理的解释或者用例子来说明。毕竟，只会说“反正我觉得应该这样做”，却无法给出合理理由的人，是不能让人信服的。

为了能够全面、准确地检测出你的口语水平，英语 APP 可真是费了不少苦心。如果你想要高分通过它的测试，以上三个方面的练习可是哪一个都不能少哦。

APP
I'm not good at mathematics.
••••••
这个英语APP能否帮我提升数学成绩呢？

英语口语测试 APP 的表现是不是很惊艳？不过它真的“不擅长”数学。

英语 APP 记忆力超群，它们可以轻易记住所有的单词、语法，所以教你英语是很轻松的。但数学问题往往是抽象的、复杂的，因此英语 APP 完全帮不上忙。

面对数学题，英语 APP 就出现了两个致命的缺点：一个是它们的逻辑推理能力实在是太差了，比如输入半径的数值，APP 可以根据公式准确计算出圆的面积。但当这个题目稍微改变一下，比如 APP 还是需要计算圆的面积，但是只有周长的数值是已知的，怎么办？只要利用周长和半径以及面积和半径之间的关系，将半径替换掉，变成周长和面积之间的关系，就可以解决问题了。对人类来说，这很简单，但英语 APP 只能直来直去地“思考”，面对没有设定过的逻辑步骤就束手无策了。

另外一个则是英语 APP 的数学知识不足。就像我们常抱怨某人的数学是体育老师教的，意思是体育老师是不擅长教数学的，那当然就没办法把学生给教会了。英语 APP 的知识也是有限的，它只储备了和英语有关的知识。在做数学题时，我们需要先理解题干，有时还需要看懂几何题的图，当然肯定还要会加减乘除运算。英语 APP 则完全没有学过这些，它甚至连 1+1 都不知道怎么算……

术业有专攻，英语 APP 还是专心教好英语吧。不过，程序员们正在努力开发能够辅导数学的 APP。

为什么我的作文批改得这么快，会不会批改错？

作文打分系统

轮到它批改作文时，它会先检查题目，比如说今天的作文题目是《我的妈妈》，它就会知道作文的关键词应该是“妈妈”。如果从头到尾，作文中都没有提到“妈妈”，那肯定是跑题了。然后，它还会检查你写的句子有没有语法错误，有没有前言不搭后语，用的词汇丰不丰富（是不是只会夸妈妈漂亮），文章的结构好不好，等等。

由于机器运算的速度比人类快很多倍，它可以很轻易地按照这些指标快速批改完你的作文，而你感觉自己才刚刚完成提交。

作文打分系统就像老师的一个小学徒一样，一开始只是跟在老师身边看着老师改作文、打分。老师总会按照一定的规则对每一篇作文进行批改，作文打分系统很快就可以学会这些规则。

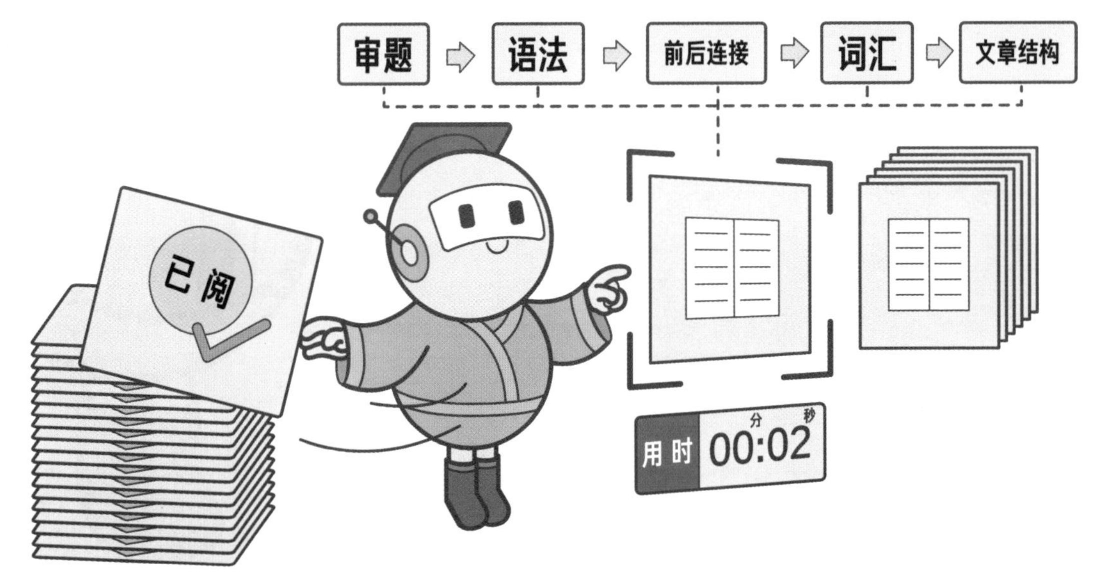

但是AI机器批改作文，会不会批改错？放心吧！它的评分结果会被拿来和老师们的评分进行对比，来保证作文打分系统真的能像老师一样给出合适的分数。而且，如果作文打分系统实在拿不定主意，比如它觉得这篇作文实在太特别了，它也会请老师来人工批改这份作文的。

为什么词典APP拍照翻译这么厉害？

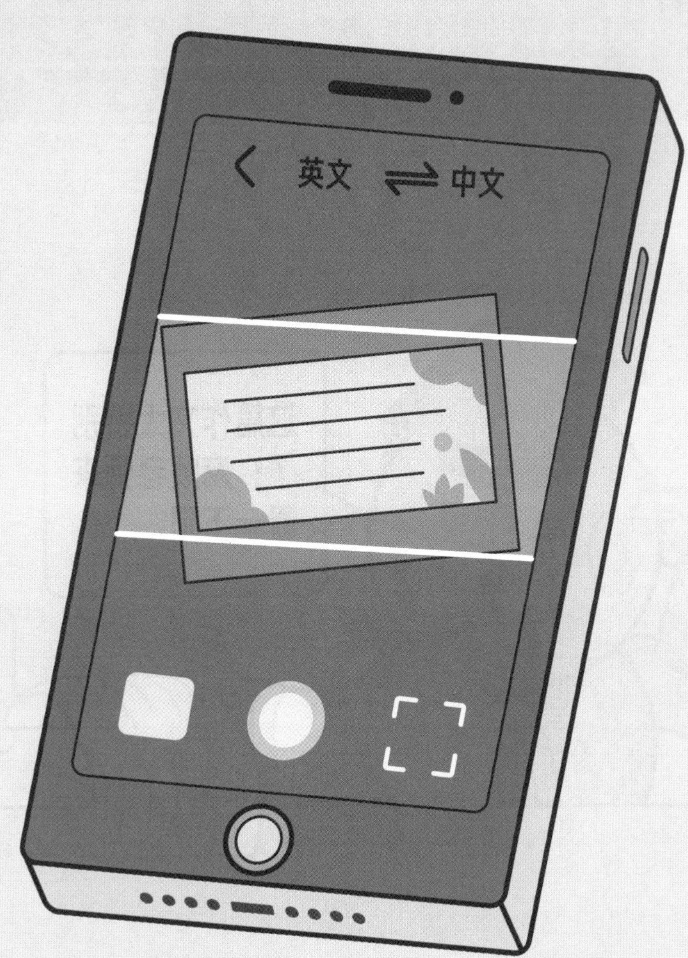

其实，词典 APP 的拍照翻译过程就像工厂里的流水线，流水线上的工人各司其职，环环相扣，最后生产出你看到的翻译出的文字。

流水线上的第一个工人会接到你拍下来的照片，它首先要检查照片符不符合要求，比如照片有没有变形、文字能不能看得清。

文字一边大一边小可不行，有的地方太亮了字都看不清了也不行，第一个工人的工作很重要，如果它做得不好，后面的环节可能就要出问题了。

它要不断把照片放大缩小以调整到合适的比例，再涂涂抹抹把照片上与要翻译的文字无关的内容过滤掉。经过它的手，照片看起来就和书页一样——一行行整整齐齐黑白分明。

然后下一位工人就要接过接力棒，把调整后的照片裁成一行一行的，以前还要再把每一行内的字符再单独裁出来，现在随着技术的进步，可以直接把裁出的行送到下一位工人手上了。

第三位工人拿到的是已经被裁开按顺序叠好的图片块，它有一本资料册，其中记录着每个英文字母长什么样。它要做的事情就是挨个找到资料册中和照片中一样的字母，通过这种方式把图片和字母对应起来，并记录在一张白纸上。如果它收到的是裁成行的照片的话，它要做的事情还是一样的，只不过现在要对应的内容更复杂，不是字母而是单词，甚至是句子了。

完成自己的工作后，第三位工人需要把它写下的文字和照片都交给下一位工人。第四位工人会对照着图片对纸上的文字进行检查，毕竟前面的步骤中可能会出现错误，比如数字 1 和字母 l 很像，一不小心就会看错。经过它的检查和修改，你拍下的图片就彻底被转写成文字了。

接下来发生的事情就和我们在语音翻译 APP 中看到的差不多，只不过语音翻译的第一步是将语音转变成文字，而拍照翻译是将照片上的文字识别并且记录下来。

无人驾驶汽车可靠吗?

其实，你已经见过无人汽车的驾驶团队了。还记得在前面自动倒车时所介绍的信息收集员、数据分析员和控制员吗？无人汽车的驾驶团队也是由这三个“部门”组成，不过由于汽车驾驶要应对的任务更复杂，“部门”的成员和任务稍微有一些调整——信息收集团队是由传感器组成的，它们就像汽车的眼睛，不断侦察着周边的环境。无人驾驶汽车的“眼睛”一般有三种：传统传感器（传统雷达）、新型传感器（激光雷达）和摄像头。

传统传感器主要通过“扔皮球”和反射回来的“皮球”确定周边环境，而雨点、灰尘这些小家伙由于相较于“皮球”实在是太小了，很难影响到“皮球”的工作，所以下雨、大雾等天气都不会影响到它的工作。但是“皮球”的缺点也在于它太“大”了，假如前方有两位行人走过，它只能检测到前方有一个很大的障碍物，而很难精确判断其具体轮廓。

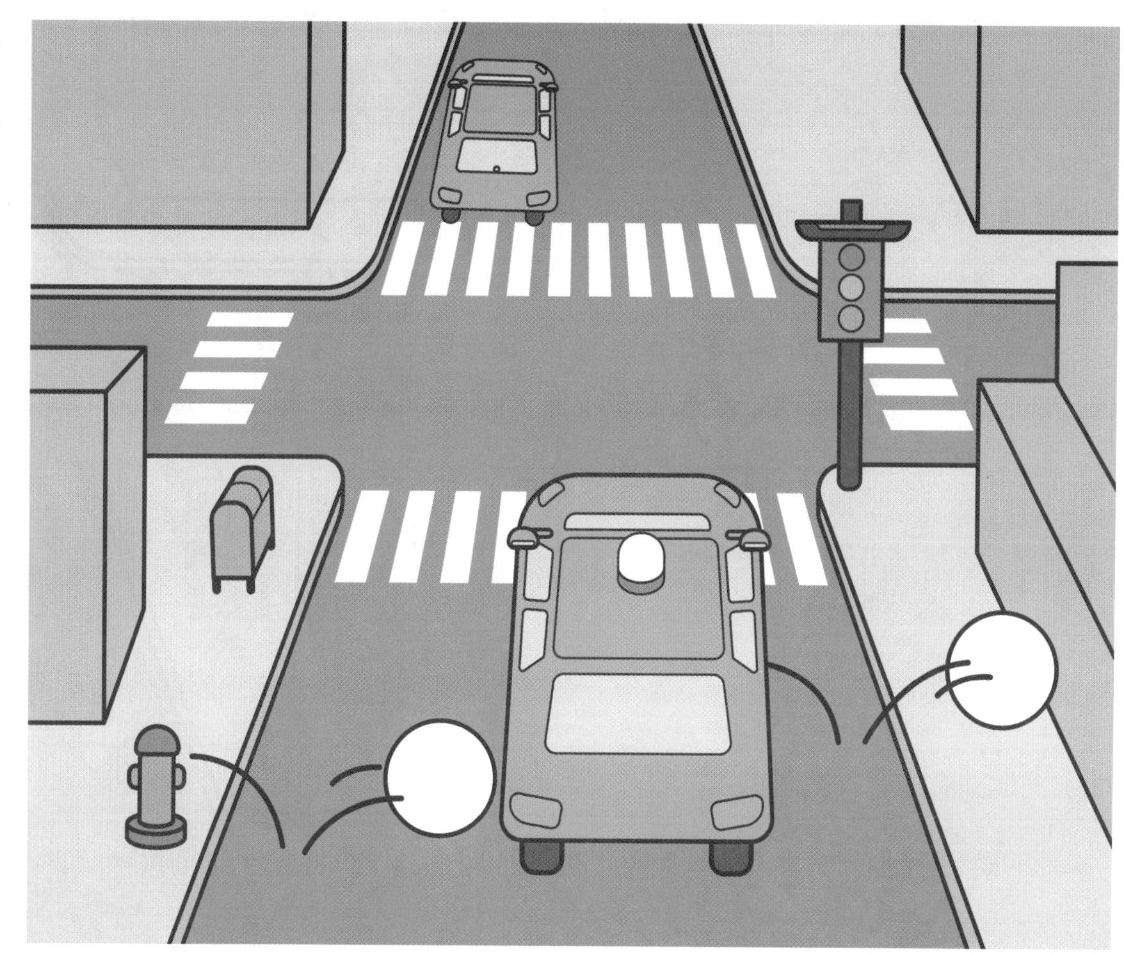

新型传感器则精确得多，因为它用的“皮球”要“小”得多。但是小也代表空气中的雨水等更容易影响到它，所以它也比较“娇气”，在下雨、大雾、有沙尘暴时都很难工作。

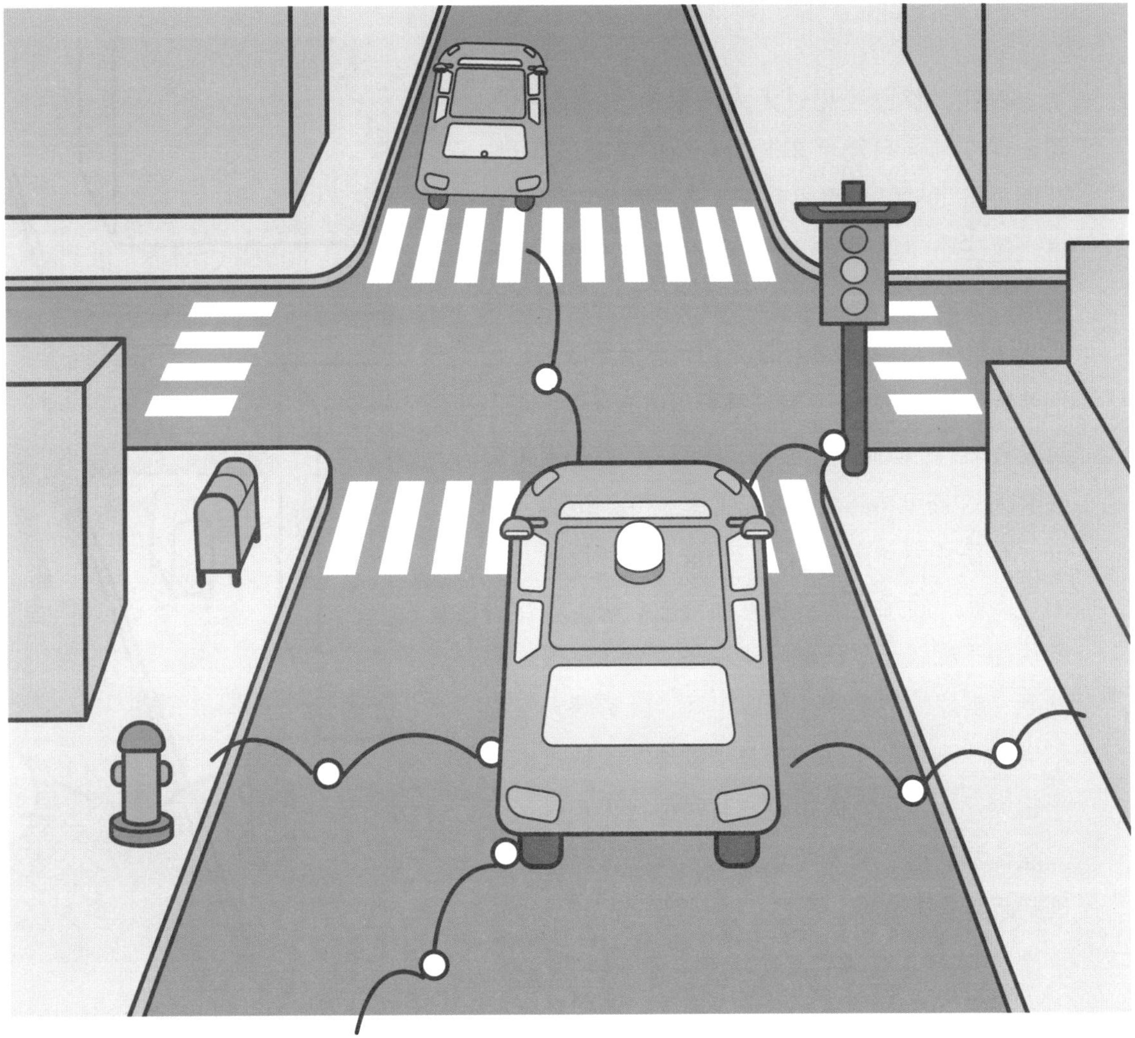

摄像头你很熟悉，它的优点就是使用方便。不过摄像头易受干扰，光线太暗或者太亮、天气不好等因素都会影响它工作。

数据分析员负责把信息收集团队发来的信息进行整理、推断、做出分析。只不过，它现在面对的环境更复杂，做出分析的速度也需要更快。

控制员也是一样的，要快速地根据数据分析员传递的分析结果下达命令。

目前自动驾驶还远远没达到完全无人驾驶的程度，也就是说爸爸妈妈仍然需要控制车辆的运行。不过，等无人驾驶真的实现了，它一定是比人类驾驶更安全的。为什么呢?

首先，信息收集团队的感知比我们人类强很多。爸爸妈妈驾车时主要靠眼睛观察道路情况，所以一定会受到天气、光线等因素的影响。虽然信息收集团队中有的成员也会被一些因素影响，但三种传感器可以互相补充，总有一两种传感器是能正常工作的。因此信息收集团队在任何天气下都能快速、准确地获取环境信息，为合理决策提供基础。

其次，数据分析员和控制员比人类要更理性。如果汽车前方突然闯入一个行人，人类司机可能会吓得手足无措，或者过于紧张以至于分不清油门和刹车。

数据分析员和控制员是不会有情绪波动的，它们不会受这些突发事件的影响，反应速度也比人类要快。

最后，数据分析员不会像人类一样感觉到累。如果爸爸妈妈连续驾车三四个小时，就必须停下来休息一下，否则疲劳驾驶是很危险的。而无人驾驶团队的“成员”则完全不会有这个问题，它们可以连续 24 小时运转。

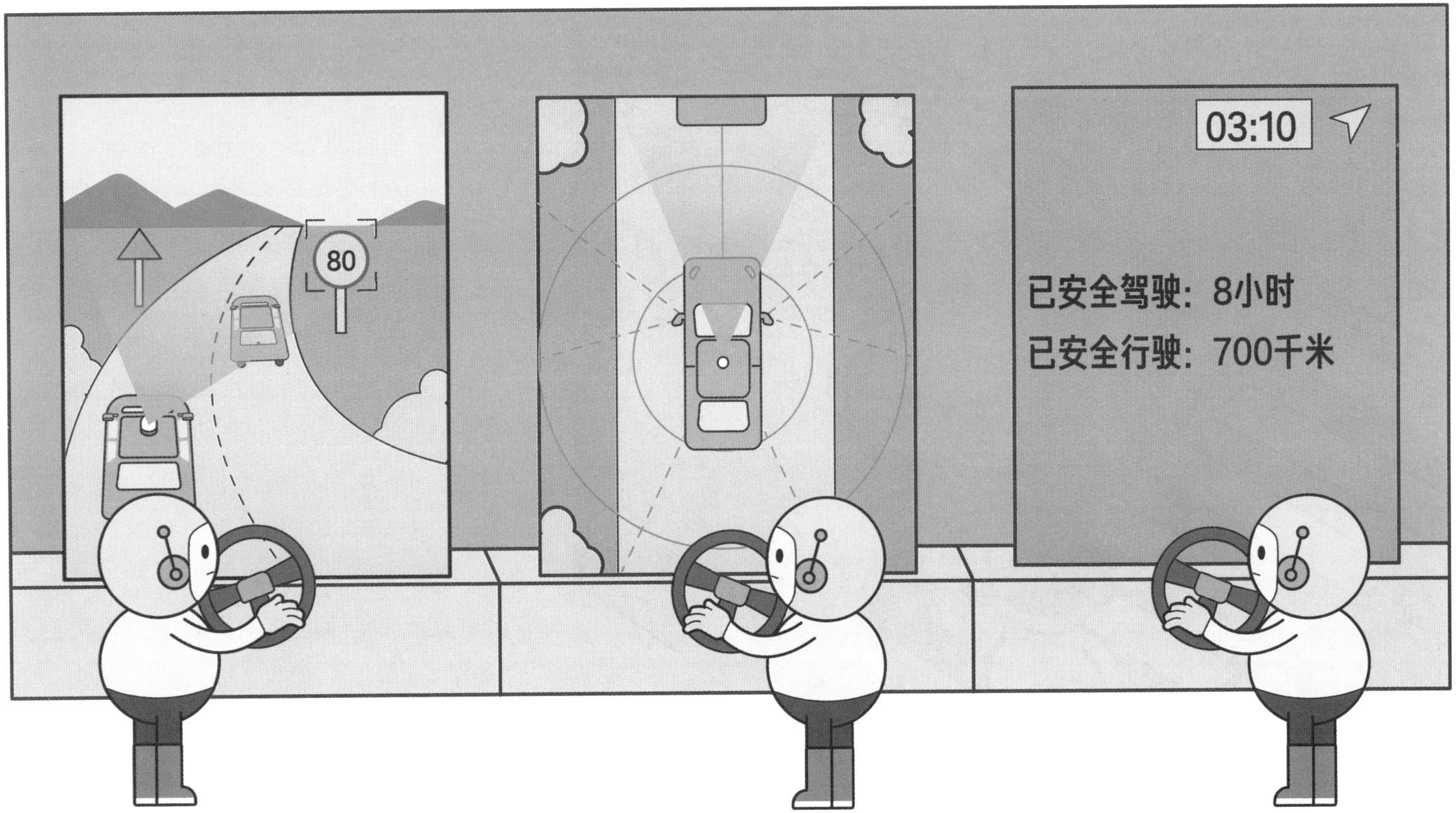

80

03:10

已安全驾驶：8小时

已安全行驶：700千米

你知道AI电话吗？
它有什么作用呢？

你好！

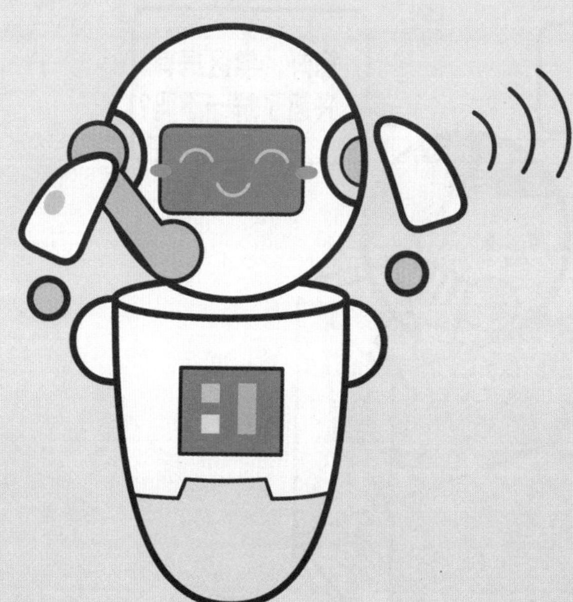

“您好，请问最近有买车的需求吗？”

“您好，学区房有兴趣了解一下吗？”

“……”

像这样的推销电话屡见不鲜，每个人或多或少都有过被推销电话骚扰，然后不耐烦地挂掉的经历。也有不少人感慨这推销电话可真是“野火烧不尽，春风吹又生”，像块狗皮膏药一样怎么都甩不掉。随着科技的进步，电话推销也在不断“升级换代”。目前，除了利用大数据手段窃取个人信息来疯狂拨打推销电话外，不少公司也使用AI来“助一臂之力”——随着AI时代的来临，电话推销也“AI化”了。现在当你再次接到这样的推销电话时，电话那端可能早已不是人类推销员，而是可以“以假乱真”的AI推销员。

AI 电话本质上是一个电话机器人系统，它的主要工作就是拨打被分配到的电话号码，询问客户的意向并记录下有兴趣的客户的信息。可以说，它的工作内容和过去的人类电话推销员一模一样。不同之处在于，AI 电话机器人的效率更高，一天可以呼出 1000 通电话。回忆一下平时自己和朋友语音聊天的样子，要是让你在一天之内把这段对话重复一千次，是不是觉得口干舌燥、嗓子肿痛？对人类电话推销员来说，比完成拨打规定数量的电话更难面对的是接到电话的客户往往毫无兴趣，甚至厌恶接到这样的电话。在这样的压力和工作中的负面情绪冲击下，电话推销员的离职率往往特别高，公司不得不支出额外的费用来不断招入新员工并对他们进行培训。AI 电话机器人则完全不会有这样的问题，它们能一天 24 小时保持礼貌、热情、专业的工作态度。调查显示，使用 AI 电话，公司可以节省高达 80% 的用工成本。

人类推销员

AI电话推销员

热情、礼貌、专业

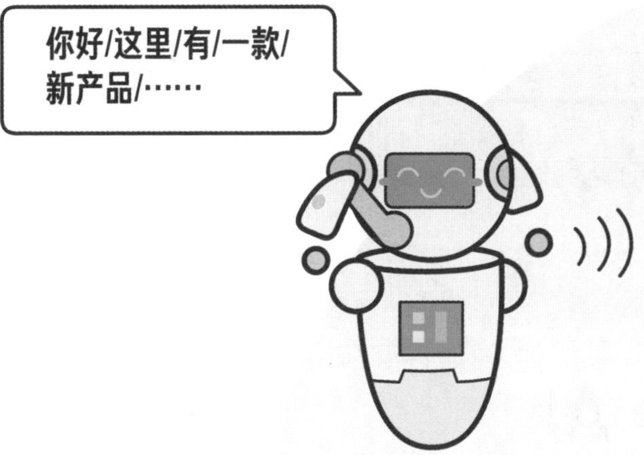

不过，AI 电话这么好，怎么以前不用呢？在 AI 技术成熟以前，AI 电话在拟人方面实在是难以让人满意，那种生硬、冰冷的推销方式通常令客户更加反感。而面对真正有兴趣的客户，AI 电话推销员又无法及时、灵活地回答客户的问题——毕竟不同的客户有不同的需求，有的更注重产品服务，有的更在乎性价比，AI 电话推销员收到的问题也是“千奇百怪”。多亏了语音识别技术的发展，现在的 AI 电话可以兼顾拟人性和灵活性，像我们在之前的问题里讨论的，让 AI 模仿某地方话的口音都不在话下。AI 背后还有完整的语料库和知识库支持，通电话过程中客户的问题也难不倒它——不仅对客户在业务方面的问题对答如流，而且可以根据客户的语音迅速判断客户意图，从而筛选出有意向的客户。

有意思的是，随着AI在电话推销方面的应用越来越常见，利用AI进行反推销的服务也出现了。2016年，Roger Anderson发明了可以自动应答推销电话的AI机器人，目前阿里巴巴人工智能实验室也发布了一项名为“二哈”的AI防骚扰电话技术。“二哈”可以理解推销电话的目的，然后根据其背后的知识图谱生成对应的回答，甚至主动提出问题让对话延续。比如面对推销贷款的电话，“二哈”就会咨询贷款的额度和贷款的要求。“二哈”还可以对自己进行一定程度的伪装，让自己的回应显得更合理。比如伪装成一个忙于家务因而错过电话内容的家庭主妇，从而时不时表示：“对不起，刚才去关火没有听清，能不能重复一遍？”或者说：“我没明白，您能再解释一遍吗？”

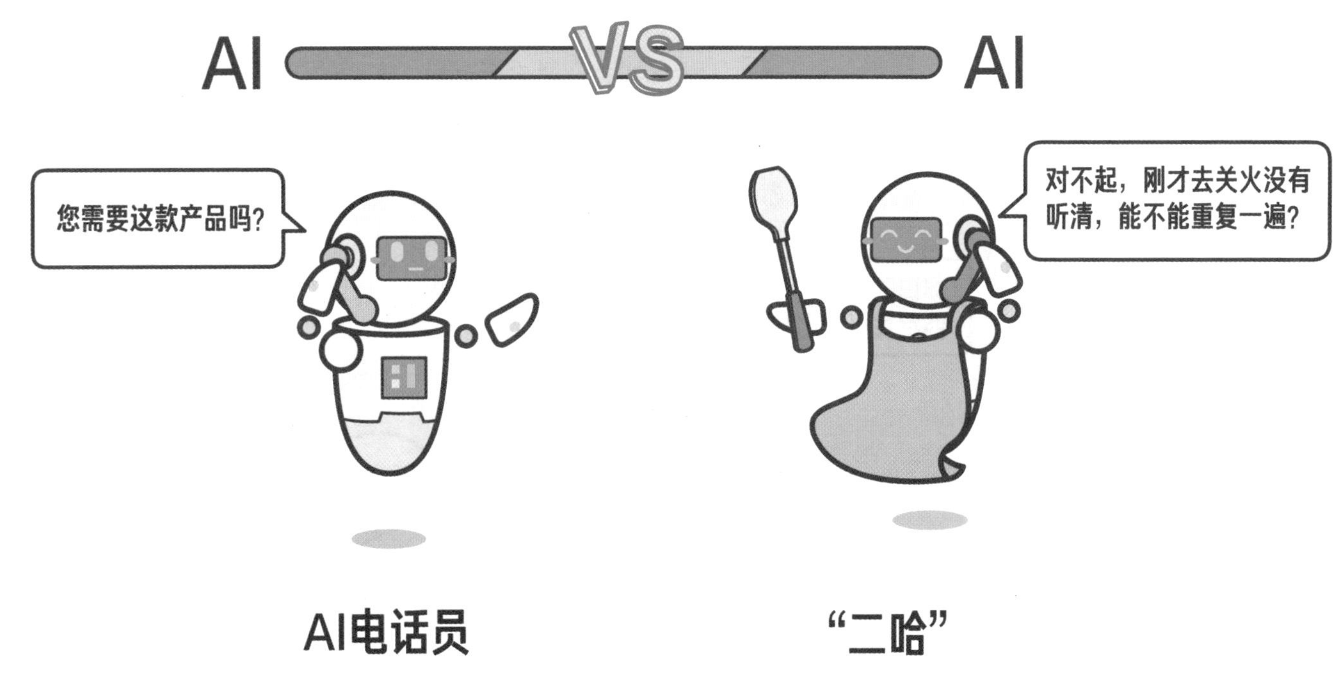

AI对AI，你觉得谁会赢呢？

第二章

运用到各行各业中的AI技术

机械臂是如何代替人工干活的？

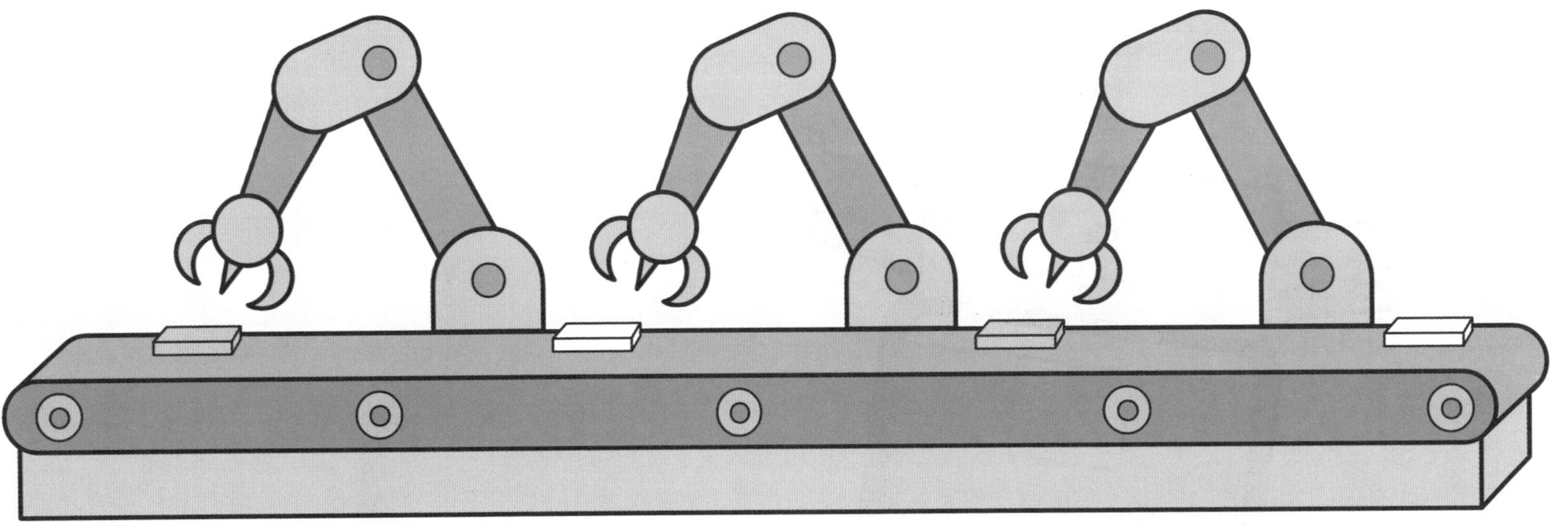

我们曾经在电视上看到过制作手机的过程——机械传送带不停地向前传动，两旁的工人依次将传送带上的手机半成品拿下来，或拧上螺丝，或安上摄像头，再把手机放回传送带，传给下一位工人。总之，每个人只需要负责一个环节。通过这种方式，流水线上的成百上千台手机被同时加工，提高了生产效率。

现在，机械臂可以代替工人完成这种工作——工人需要做的事情，机械臂都能完成，而且完成得更快、更精准。机械臂上面都配备了摄像头充当它们的“眼睛”，这样就可以“看到”流水线上传来的物体——手机，再准确地找出在手机上机械臂应该执行操作的位置；它们还有灵活的“手指”，来保证操作的准确性，即便是在几毫米的电路板上进行作业，也不在话下。操作系统则发挥“大脑”的作用，可以根据“看到”的情形规划自身的动作——目前下一部手机已经传送到自己的正下方，手臂应该向左边移动0.15厘米才能把摄像头准确地放进手机中。

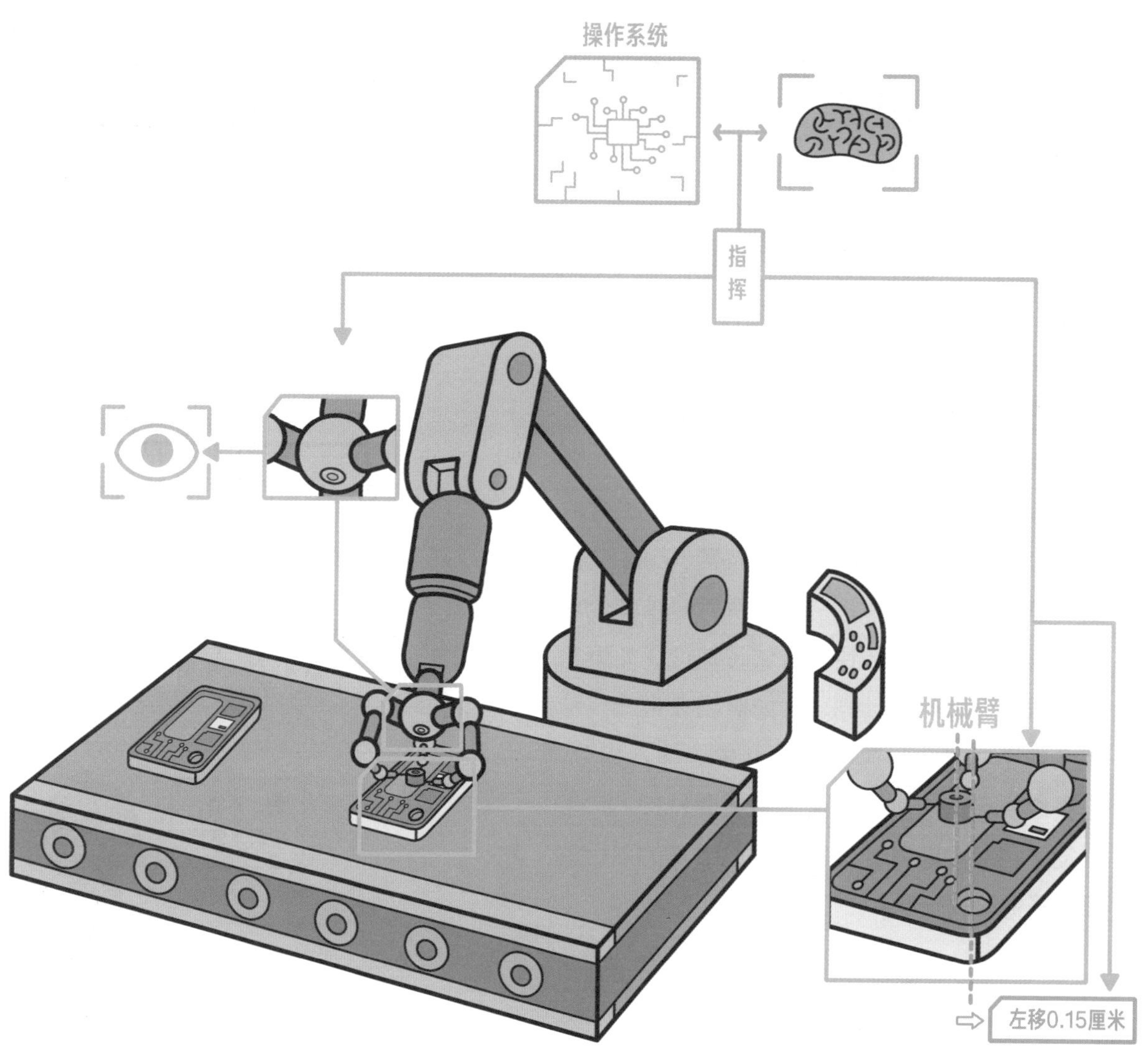

机械臂工作效率高，基本不会犯错，还可以24小时上班，原本要几百个工人才能够完成的工作，用几条机械臂就能搞定。更厉害的是，所有机械臂的操作系统都通过网络连接在一起，由总控制系统这个“超级大脑”统一管理。机械臂只需要把自己的进度汇报给总控制系统，总控制系统会整合所有信息后将结果实时展示在控制中心的显示器上，方便工人们查看。总控制系统还能够根据不同生产环节的机械臂的工作情况智能更新生产计划，当某一个环节的生产速度进行了调整，它就会及时要求其他环节的机械臂相应地加快或者减慢速度。如果工人们需要调整生产计划，比如需要多生产一种颜色的手机，也只需要去控制中心输入指令，它会联系负责给手机喷漆的机械臂，工人们无须动手，就能够看到接下来生产出来的手机被喷上了需要的颜色。

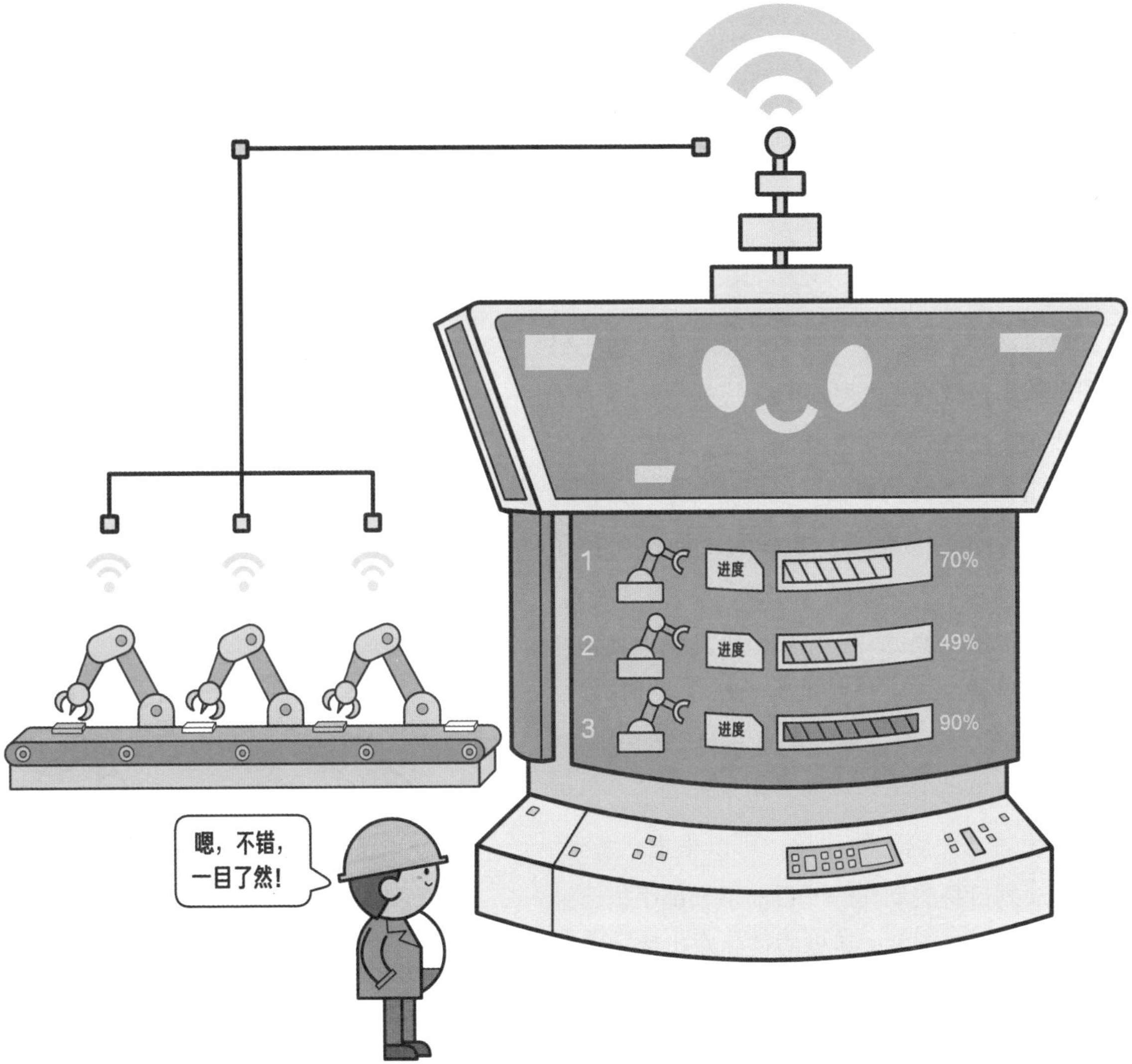

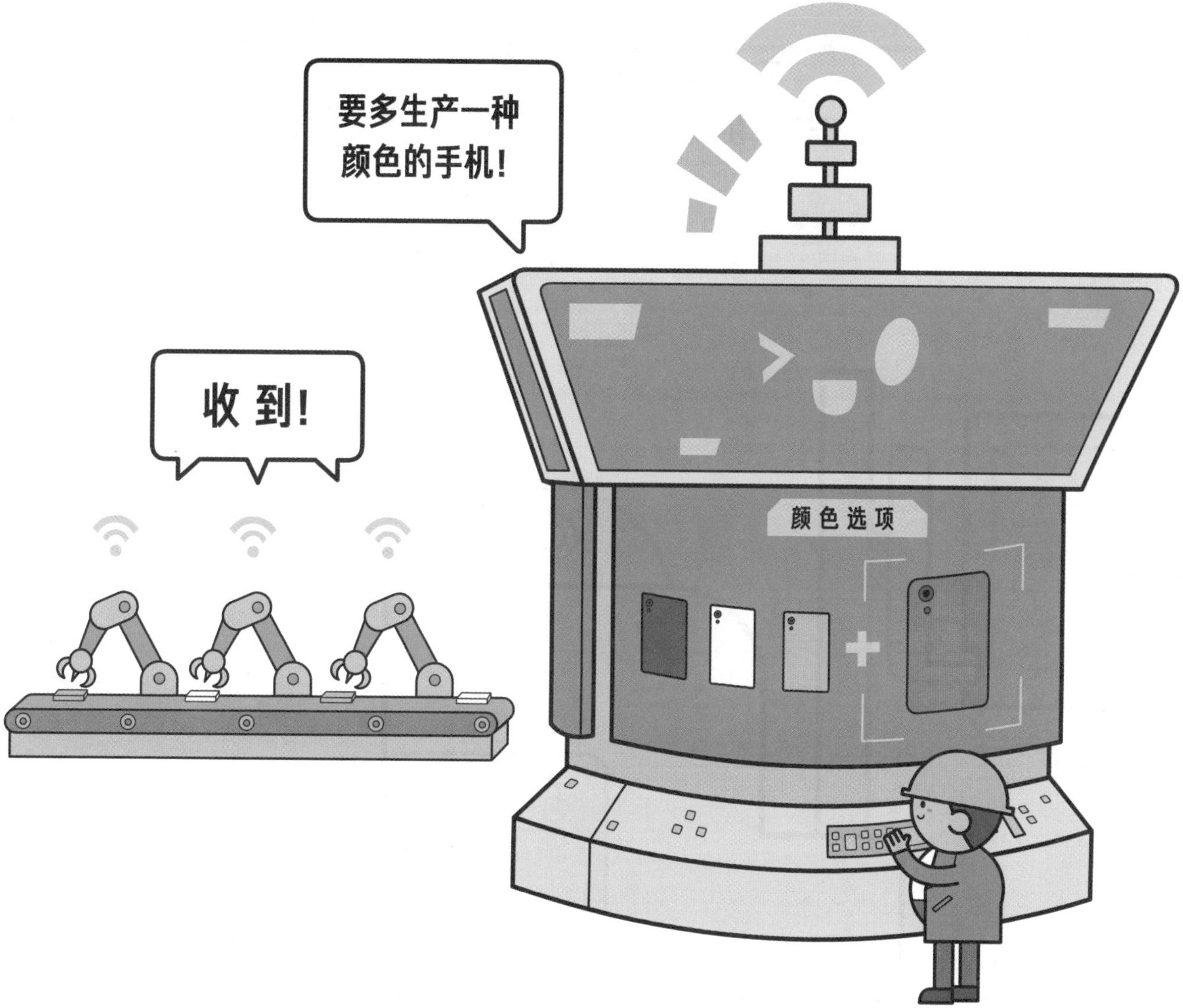

智能机械臂已经运用到快递分发、垃圾分装、食品分装等多个场景，帮助工人们减轻负担，实现工厂更加高效的运转。

029

我们现在知道，科学家和工程师制造工业机器人是为了将工人从繁重、枯燥的工作中解脱出来。仓库中的工作也属于这一类——在货品被发出之前，仓库管理员首先需要检查各类单据，以确定单据上开具的品种、规格以及数量和仓库的库存情况相符合，然后到仓库中把商品提取出来，交给运输员发货。负责运输的运输员信息和他驾驶的货车车号、装货时间、剩余库存也都需要管理员及时记录在案。一天的工作结束之后，管理员还得及时对仓库的货物进行核对，实时了解仓储信息。这样，管理员一天都在跑来跑去，不停地核对信息，想一想脑袋都大了，无人仓库的设计就是要让机器人代替人类做这些事情。

当无人仓库的“大脑”——控制中心向仓库的搬运机器人发送“搬运货物”这条指令时，搬运机器人会首先登录库存系统寻找货物的具体位置。例如，妈妈买的书被存放在A区1柜5排30号的箱子里，搬运机器人就可以规划好自己的路线，先向前行进到A区，右转抵达1柜旁边，再向上升起到5排，找到第30号箱子，就可以取到书并将它放在自己身上，朝着输送线走去。

到达指定位置后，搬运机器人会将货物放到输送线上，经由输送线——其实就是传送带，送到打包机器人手里。打包机器人则将货品打包好，并贴上妈妈的地址。这样，货物才能够准确无误地被送到妈妈手中。

打包好的货物又被送上传送带，运往负责分拨的机器人那里。这些机器人能够看到包裹上贴着的订单目的地，如果它发现包裹要去的是妈妈所在的城市 A，就把包裹放到城市 A 对应的大箱子里。一旦大箱子装满了，无人叉车就会将箱子运走，交给运送货物的快递员。

无人仓库中有大量的机器人相互协调，它们工作的速度也比人类要快，快递员只需要等在卡车前，等机器人将货物源源不断地送来，然后把分装好的货物运走就可以了。AI 机器人的大量运用实现了仓储、搬运、传送的无人化运作，仓库的运行效率大大提升了。

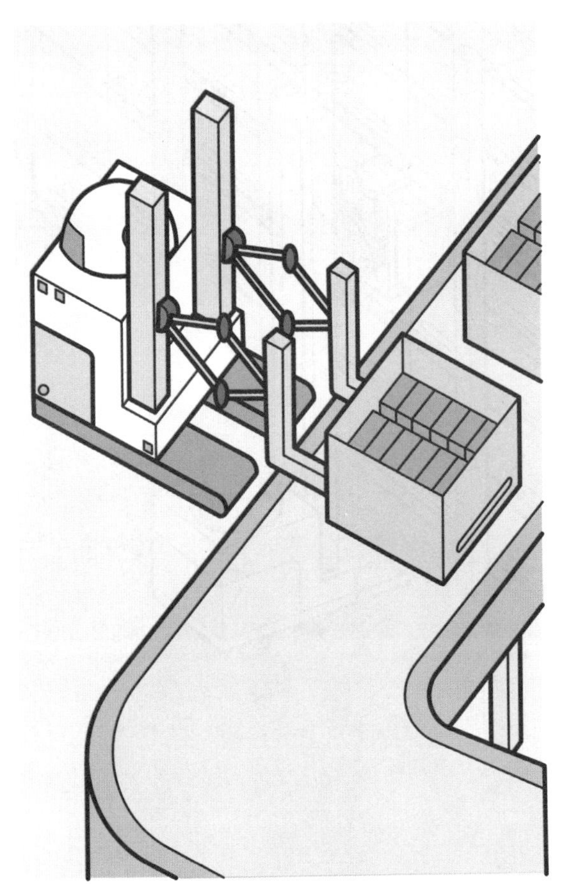

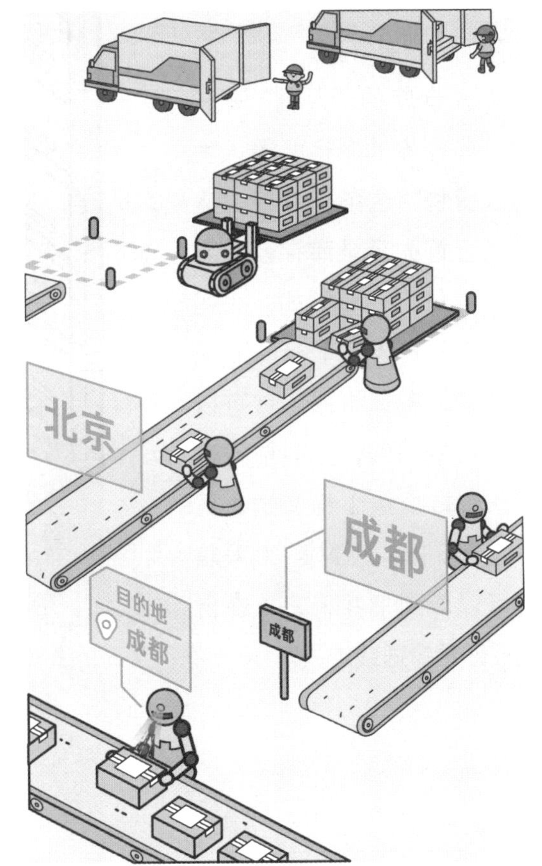

无人机如何替代快递员？

我们都喜欢网购，不过等待收货的滋味可不好受。一般来说，快递员叔叔每天只会送一次或者两次货，所以有时即使货已经到了目的地，最快也要当天下午或者第二天才能收到。可我们却希望在下单后能尽快收到货物，如果是本地商家的话，最好发货后几个小时内就能收到。好在现在我们有了无人机，它们可以一天到晚不停歇地工作，一旦快递站来了货品，就立马准备送货。

以后在购物 APP 上下了单以后，购物 APP 就会联系无人机，让它把货品装好，并将详细的送货地址发送给它。随后，无人机就可以将这个地址发送给内置的导航软件："嘿，来活儿了！这是这一单的地址，你快查查怎么去。"

老样子，导航软件又会联系卫星，确认自己的位置和目标地点，然后找出最佳的飞行路线。不过，根据目前的法律法规，在城市中送货，无人机还无法直接将货物送到家中。所以导航软件需要让卫星帮它找到离收货地点最近的快递站，把货物送到那里。

确认飞行路线后，无人机就可以出发了。你可能会问，那路上这么多高楼大厦、电线杆还有树什么的，怎么保证无人机不会撞上这些东西呢？这又要请出我们的另一位老朋友——摄像头了。在整个飞行途中，无人机身上的摄像头会不断检查无人机的飞行环境，并且向无人机汇报："目前周围无障碍物，可以放心飞行，1 千米后正前方有建筑物，请绕行后回到飞行路线。"

这样，不需要快递员，无人机就可以完成送货的任务。多亏了无人机的"勤劳"，我们再也不用受等待之苦啦。

031

少年 AI 一百问

酒店的送餐机器人是遥控的吗？

送餐机器人可是很“聪明”的，不需要遥控就能够自主行动。当你跟酒店前台预约或者临时发出送餐要求之后，送餐机器人就会收到你的订单和房间号，接着，送餐机器人会使用它脑袋里的导航系统来规划好去你房间的路线。

虽然脑袋里规划好了送餐路线，但是机器人可没有像人一样的眼睛来找路，怎么办呢？没关系，开发这些送餐机器人的工程师们早就考虑到了这个问题，他们为送餐机器人装上了一些模块来充当机器人的“眼睛”。

摄像头是“眼睛”的一种，有了这个，机器人“看到”的世界就和我们看到的差不多了。比如，它可以随时检查走廊两侧的房间号来判断自己现在在什么位置，离目的地还有多远，前进的路线对不对，前方有没有障碍物，等等。

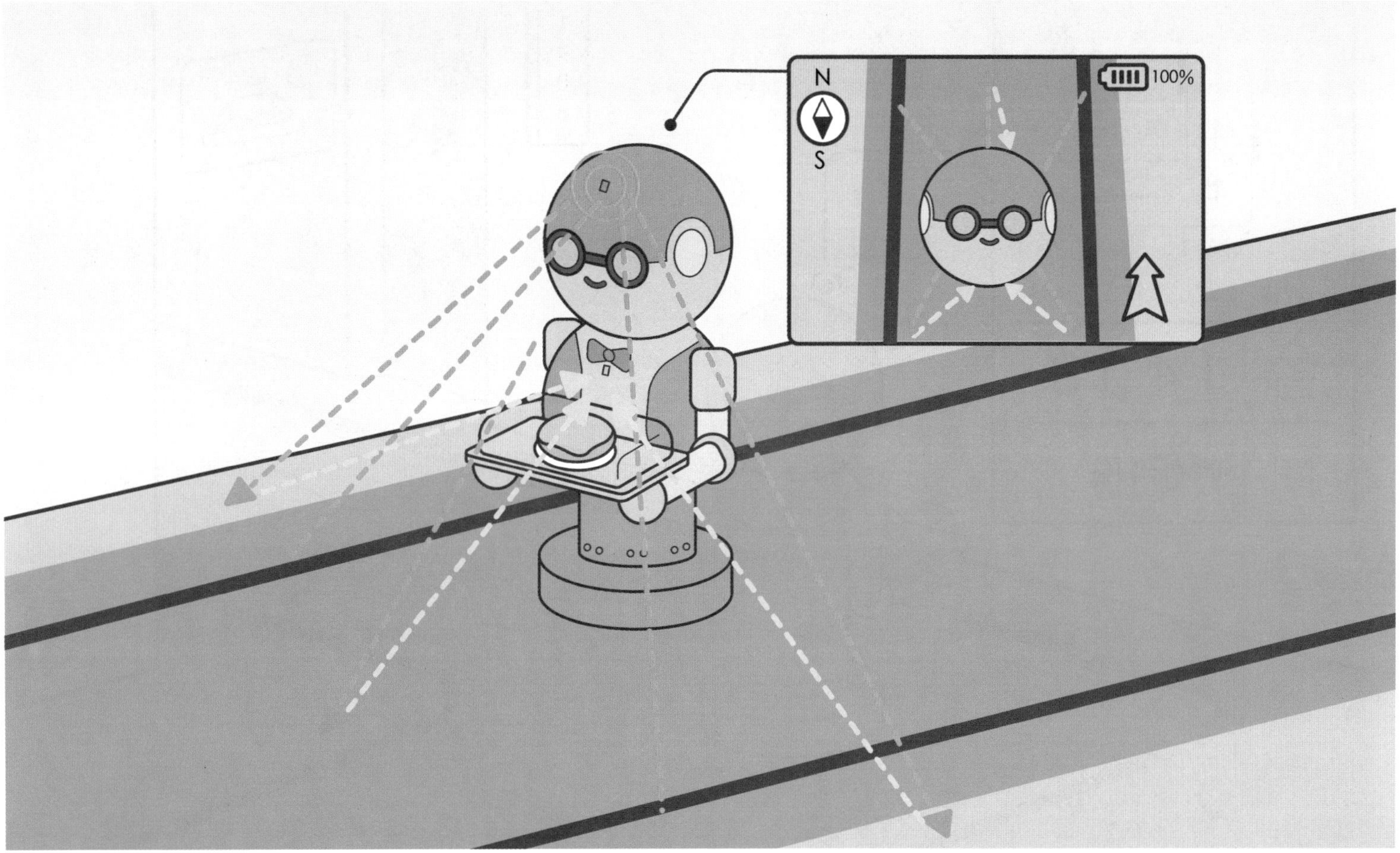

不过，如果有客人突然从拐角走出来，或者摄像头的视线正好被走廊旁边的柜子给挡住了，它就“看不到”了，送餐机器人可能会撞到客人。为了避免这种情况的发生，送餐机器人身上还有其他模块一直在工作。例如扫地机器人身上使用的信号发射器，就被开发机器人的工程师们拿来用在送餐机器人的身上了。通过撞到障碍物后反射回来的信号，送餐机器人可以准确地判断障碍物的位置，并且根据身上其他模块的检测结果进行躲避。等到避开障碍物之后，再继续回到原定的送餐路线上继续前进。

送餐机器人身上还有语音合成系统，在将食品送到你的手上时，会礼貌地说一声“您点的餐到了，请慢用”。待菜品取走，它会赶快原路返回，毕竟要送的餐很多，它可是很忙呢！

送货无人机是如何识别每一件货物的主人的呢？

你可能会想，无人机是不是得认出我的脸才能将货物送给我呢？这倒不用，快递员叔叔也只凭送货地址就可以准确地将货物送到你的手上，而不必知道你的长相。

送货无人机会凭送货地址（一般来说就是收货人或快递站的地址）抵达目标地点。接下来，它需要转交货物。为此，无人机必须验证收货人身份，以保证货物送到对的人手上。这个任务需要靠摄像头完成，它要寻找一样东西：电子识别欢迎垫。垫子上有二维码——就像我们微信扫一扫就可以互加好友一样，摄像头只需要扫一扫欢迎垫，就知道眼前的这个地点是不是它的目标地点了。

确认无误后，无人机就只需要完成最后一个动作了，也就是货物投递。这一步，不同的无人机有各自不同的绝招：有的无人机比较“稳妥”，会首先降落到地面再将货物放下；有些无人机则比较“心急”，直接给货物安上一个小型降落伞就从空中将货物投下了；还有些无人机则选择了“折中”的方案，将货物拴在绳子的一端，将它缓缓地放到地面上。

你更喜欢哪一种投递方式呢?

衣服那么多，如何挑选出流行款式？

以服装行业为例，又来到了预测第二年服装流行趋势的时候，AI 分析师首先需要搜索并收集大量相关数据。根据“服装”“流行”等关键词，AI 分析师可以快速浏览微博等社交网络上和这些关键词有关的内容，先获取目标消费者的审美偏好。如果很多人都发布过类似于“宽松的衣服穿着很舒服”“这次买的衣服不会太正式，平时穿着上班没问题，下了班也可以直接和朋友出去玩”等评论，那么 AI 分析师可以从中得出“休闲风很受欢迎”的结论。但仔细一看，评论中喜欢运动风的也不少，很难说到底哪个才是明年的流行趋势，AI 分析师还需要进一步分析。

AI 分析师可以去搜索电商销售数据，根据销量可以发现，虽然喜欢休闲风和运动风的人都挺多，不过还是休闲风的衣服的销量稍高一些。经过进一步评论挖掘和仔细分析后，AI 分析师发现购买休闲风衣服的用户有更强的喜好表达意愿，也就是说，更愿意在评论里写自己喜欢休闲风，同时喜欢休闲风的用户的真实购买率也更高。另外，AI 分析师还要对挖掘到的这些数据进行时间分析，分析的结果可能是这样的：以年为单位来看，对休闲风衣服的需求量要大于对运动风衣服的需求量。但如果以月度来看，就会发现从下半年开始，运动风衣物的销量增长得特别快。可以看得出来，运动风才是真正的流行趋势。

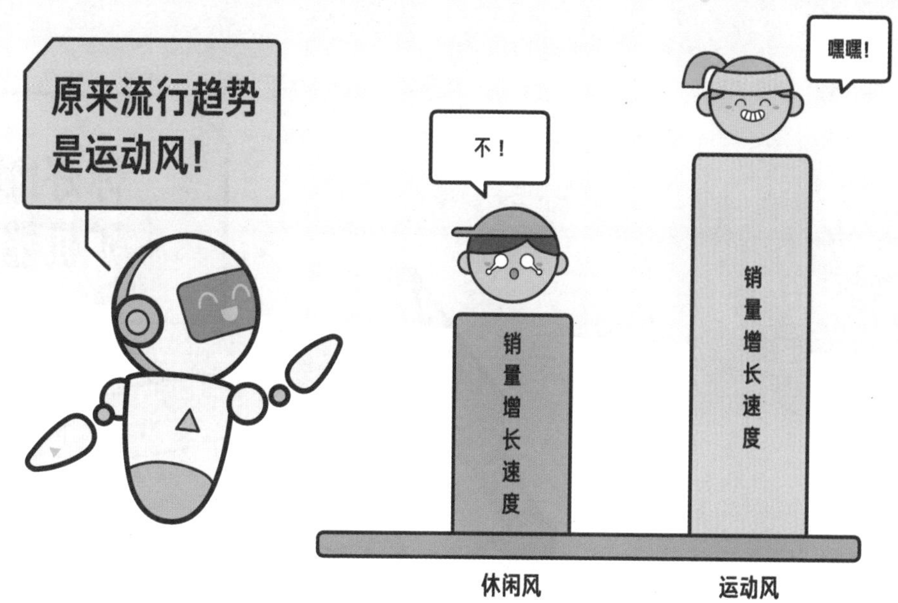

上面讲到的整个过程中都没有人类分析师的参与，AI 分析师就可以独立完成这一系列的分析。

AI采矿机器人为什么这么厉害？

人工智能技术的进步，也开启了煤炭行业智慧化的新时代。现在，我们越来越多地看到“一键采煤”“无人采煤”的新闻，而很少在电视上看到有关矿难的消息了。相比普通的煤矿工人，AI 采矿机器人到底有什么优势呢？

煤矿工人采矿始终是会受到自身和环境的很多限制的。比如，煤矿工人没有办法到被地下水淹没的矿井、在深海中的矿井和在太空中的矿井中采矿，而 AI 采矿机器人则不受这些限制。

同时，AI 采矿机器人还具有一些人类没有的“超能力”。比如，AI 采矿机器人可以“透视”，在还未挖开土层之前就可以用自己的传感器对地下先探测一番，从而对地形和矿石存储量做出一个预测。在采矿的过程中，AI 采矿机器人还可以实时监测环境，比如利用风速探头监测矿井中的风速来检测有害气体的积聚程度，从而对可能发生的危险及时预警。如果通道内突然多了好多水，可能接下来矿井会很快被淹没，甚至坍塌，AI 采矿机器人就会通知地面准备撤离。矿石被开采出来后，AI 采矿机器人也会及时通知无人运输矿车来将矿石运走。

未来的采矿业，应该是有特殊技能的工人与 AI 采矿机器人共同合作、效率更高、更环保的行业。所以，一部分工人也许还会留在采矿行业，利用自己的经验帮助 AI 采矿机器人，或者通过学习新的知识来负责 AI 采矿机器人的维护等工作。但是整个行业需要的工人数一定是大大地减少了。剩下的工人可能就需要寻找新的工作了。如果你想进入采矿行业去挖掘地球深处的宝藏的话，那就得学会和 AI 采矿机器人共事，从现在就可以开始学习 AI 采矿机器人的相关知识了。

排雷机器人作业危险吗？
经验
经验

这可真是一个好问题，排雷机器人的存在，使得军人在排雷工作中退到了第二线，他们的工作环境也变得更安全了。排雷机器人要替代军人，它必须具有两方面的能力：像人一样能够适应多变、复杂环境的能力；能够检测并排除地雷的能力。

检测地雷的能力是排雷机器人的核心能力。因为地雷是被埋在地下的，所以用普通摄像机找不到。那怎么办呢？因为地雷的升温速度快于地面环境的升温速度，所以排雷机器人会通过热感摄像机对目标区域进行探测。热感摄像机和普通的摄像机很像，只不过在拍出来的照片中温度越高的物体看起来越亮。如果排雷机器人发现某个区域的照片亮得不正常，那就说明那里可能有地雷。另外，由于地雷的外壳是金属制成的，排雷机器人还可以通过金属探测器来辅助探测，从而提高地雷的“检出率”。

热感探测

警告：此区域存在地雷！

金属探测

排雷机器人有一个自己的数据库，每次探测到地雷，它都会把检测到的地雷的具体位置、温度等信息存储下来扩充数据库，关联地雷类型和其对应的特征。这样，随着排雷机器人排雷数的增加，它的“经验”也就愈加丰富，它也就会变得愈加聪明了。

排雷机器人的超强学习能力还可以帮助它适应多变的环境。假如此前排雷机器人只在沙漠中工作过，没有在森林中执行过排雷任务，第一次到达森林中时，排雷机器人会先通过与环境的试错互动来学习，比如它会试着向前直线移动，结果却被树干挡住了，它便会学习到“树干是无法通过的，必须绕行”这样的知识。经过多次试验后，排雷机器人很快就可以掌握在新环境中工作的方法，从而可以高效地执行排雷任务了。

智能灌溉系统好用吗？

我们的口号是——

更智能！更高效！

要回答这个问题，我们首先需要了解智能灌溉系统。智能灌溉系统分硬件和软件两部分，硬件部分负责执行操作，像是系统的“身体”，软件部分负责决策和控制硬件，像是系统的“大脑”。

为了完成自己的工作，智能灌溉系统的软件部分会向硬件部分“发号施令”，要求硬件装置采集空气湿度、温度、土壤湿度、降雨量等信息。根据采集到的信息，系统软件可以判断目前的土壤含水量对于种植的作物是否过低或过高。如果含水量过低，并且预计短期内并不会下雨，系统软件就会向硬件中的控水开关发出命令：“快浇点水吧，作物都快渴死啦！”

得到指令的硬件系统便会加足马力，从地下水源抽水，再将地下水运送到滴灌系统中，智能化地分配水量给每个滴灌龙头——格外干燥区域的龙头会分到较多的水，比较湿润区域的龙头得到的水就少一些，避免浪费。可别觉得硬件系统只知道执行命令，它会实时监控滴灌区域的土壤湿度有没有达到要求，“保质保量”地完成滴灌任务。同时，系统还会检测土壤的营养量，如果不足，软件系统也会及时进行分析，并且做出施肥决策，包括肥料的组成和用量。这样，滴灌系统滴出的可就不仅是地下水了，而且是混合了肥料的营养液。

到这里，智能灌溉系统可以说出色地完成了一天的灌溉任务。不过，智能灌溉系统一旦安装，可是要经年累月运行的。在长期的运行中，我们当然希望系统可以变得越来越“聪明”，为此，软件系统需要有个“好记性”——记住不同情况下的滴灌方式，比如早上通常比较湿润，而中午则比较干燥，滴灌的方式当然是要不一样的，这就需要智能灌溉系统更快、更及时地检测数据并反馈，一起来指导滴灌的频率和每次的用水量。

看到这里，你会不会觉得目前的AI灌溉系统已经足够智能，不需要改进了呢?

其实不然，想要通过灌溉系统的智能化来达到最佳的灌溉效果需要各方面的优秀表现，系统中任何一部分的进步都可以提升智能灌溉系统效果。比如提升硬件对环境感知的灵敏度，从能够检测1℃温度差到0.1℃温度差；加强软件系统对收集到的信息的分析，由仅分析过去几天的数据提升至几周甚至几年的数据；等等。经过不断地迭代，一定能够进化出更高效、更智能的灌溉系统。

智慧农场真的智慧吗？

你好！我是智慧农场AI！

智能灌溉系统的部分硬件装置可以监控土地和空气的湿度等情况，循着同样的思路，我们是不是也可以设计创造出智慧农场？答案是肯定的。只不过在智慧农场中，硬件系统需要采集更多的信息：除了土壤的状况和农场的天气外，硬件系统还需要监控作物的长势、有没有虫灾等情况。

根据采集到的信息，软件系统同样可以对信息进行处理，做出决策，然后针对环境做出反应。不过，软件系统直接控制的硬件系统能够影响的是农场的环境，没办法直接作用到幼苗上。如果需要直接照顾幼苗，软件系统还需要一位好帮手——机器人（也有可能是机械臂）。智慧农场背后的AI可以控制很多具有特定技能的机器人，例如修剪机器人。有了它们的加入，智慧农场AI既可以实现大环境层面的调节，如控制硬件系统调整农场的土壤湿度，也可以实现作物个体层面的照顾，如要求修剪机器人去将某一株幼苗多余的枝叶修剪掉。

修剪机器人，出发！

机器人库

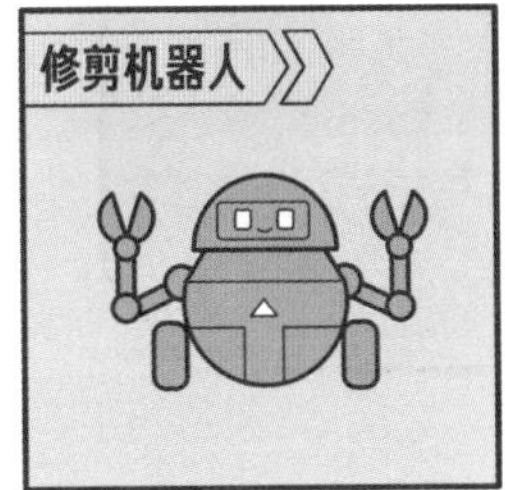

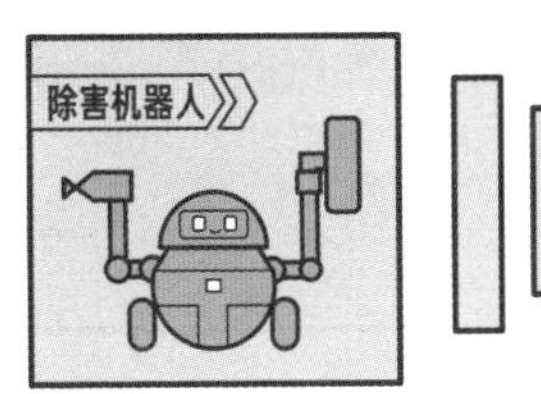

配备有硬件系统和机器人“两员大将”，未来智慧农场的一天可能会是这样的：在大太阳底下，系统软件提醒硬件系统快去浇水：“嘿，还不赶紧去干活，白菜们都快渴死了，特别是西南角的那一片，格外干旱，需要多浇一点儿水呢。”硬件系统便会立马执行命令，同时硬件装置会不停地检测、收集数据，回传给软件，当硬件系统收集到的各类数据，如土壤湿度、土壤肥力，都达到了让系统软件“满意”的程度后，系统软件便会暂时陷入“沉默”之中。突然，硬件装置发现有一块地里的白菜被虫咬得很厉害，就会把这个信息传递给系统软件：“不好了，有一块地里的白菜被虫咬得很厉害！白菜的坐标是菜地西北边界 30 米。”接着系统软件就会紧急联系其他机器人：“快去给白菜们喷点药，可别让虫子把白菜都吃光了！”收到指令的机器人背起农药罐就出发去“整治”正在啃食白菜的害虫了。

能够兼顾大环境的调节和作物个体的需求的智慧农场，即使是在农忙时节，也看不见大量农民伯伯热火朝天干活的场景了，这真是一个安静、高效、又有“生命力”的农场。

在无人银行办业务安全吗?

以前妈妈去银行办事，总要先在机器上取号，然后排队等叫号，被叫号后再到柜台办理各种业务。办理业务的工作人员则根据妈妈的需要，在系统中执行相应的操作。比如妈妈开户需要向前台人员提交身份证，然后由前台人员将妈妈的身份信息和新开户的卡号录入系统；如果是转账，则需要通过前台人员将钱存入银行，然后在系统中对妈妈的银行卡余额进行修改。

聪明的你看到这里一定发现了，本质上前台人员做的事情主要是对银行系统中记录的信息进行修改。而无人银行就是要对这一步骤进行AI无人化，通过妈妈和智能系统的交互就实现这些操作。

在无人银行中，大厅里会有不同类型的智能机器——有点像现在的ATM机和自助办理机器的智能化升级版本，妈妈可以根据自己需要办理的业务选择对应的智能机器。这些智能机器配备了语音识别技术，因此能够“听懂”妈妈说的话并执行相应的操作。为了保证妈妈的账户安全，比如妈妈需要转出大量资金进行投资，除了要输入密码外，智能机器还会通过人脸识别来对妈妈的身份进行验证。

除了能够办理现有的银行业务，无人银行还可以提供更多个性化服务。由于智能机器可以通过银行系统查询到妈妈的业务办理记录，下次妈妈再来到银行，智能机器就可以根据妈妈的历史操作进行预测，等妈妈走到机器旁，机器上的操作界面就已经跳到了妈妈可能需要的那一页了。

根据来自花旗的银行家 Michael Corbat 的估计，由于基于 AI 的大量智能交互机器人的引入，大约 30% 的银行职位都将实现智能无人化。

股票交易所里的
AI交易员如何交易？

039
少年 AI 一百问

要理解股票交易所的AI交易员是怎样参与交易的，我们首先需要理解人类是怎样进行股票交易的。

为了确定某一只股票在此刻值不值得购买，股票交易员在买入之前，需要对股票所属公司进行全方位的调研；然后，交易员为了能够对未来的股价进行预测，需要找出和股价相关的各种因素，并且试着构建一个影响因素如何决定股价的模型——我们叫它因子，比如股票指数等。如果市场上的所有股票价格都在不停上涨，那么短期内的预期可能比较乐观，不过也要考虑价格上涨到了顶峰，接下来回落的可能性。

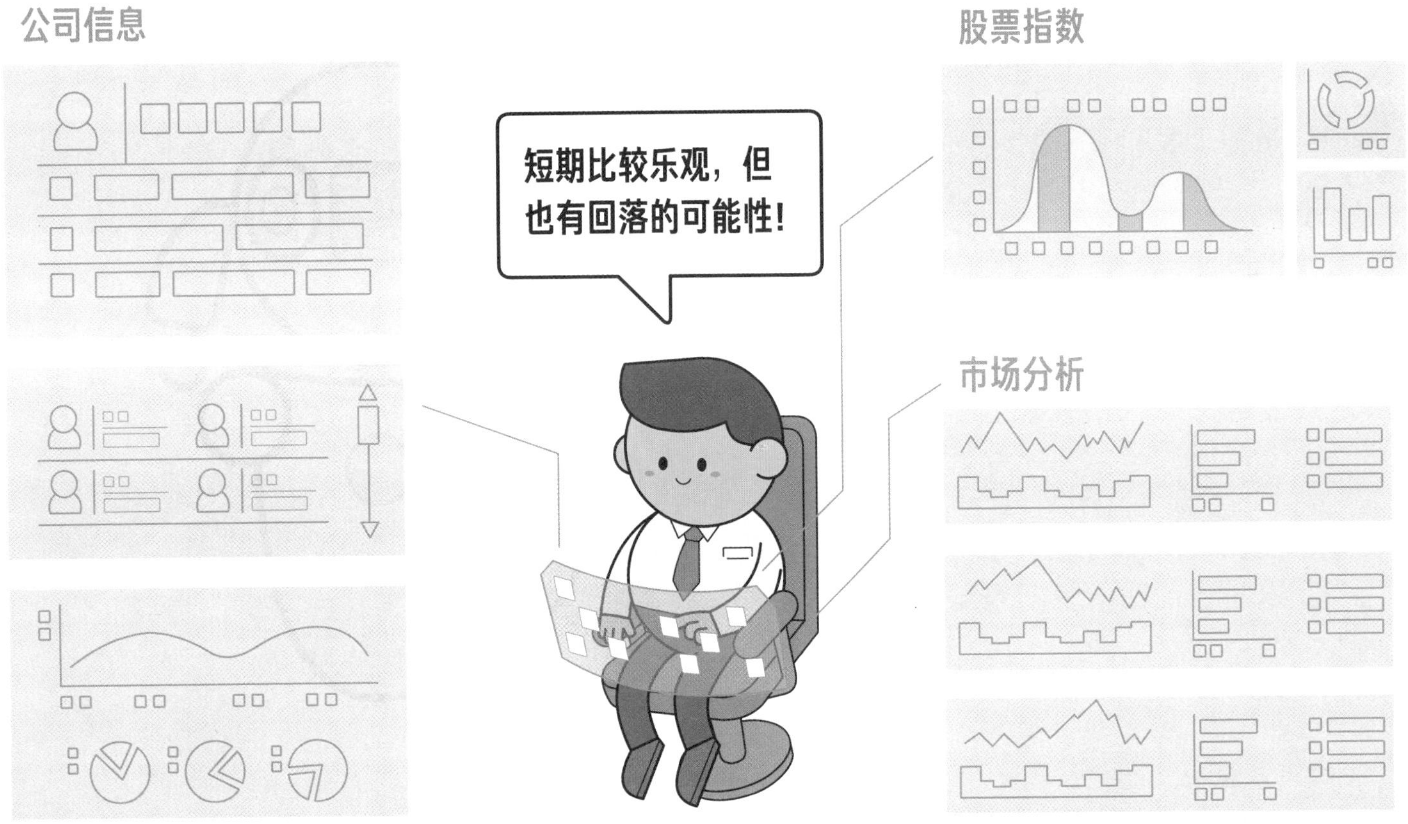

公司信息

短期比较乐观，但
也有回落的可能性！

股票指数

市场分析

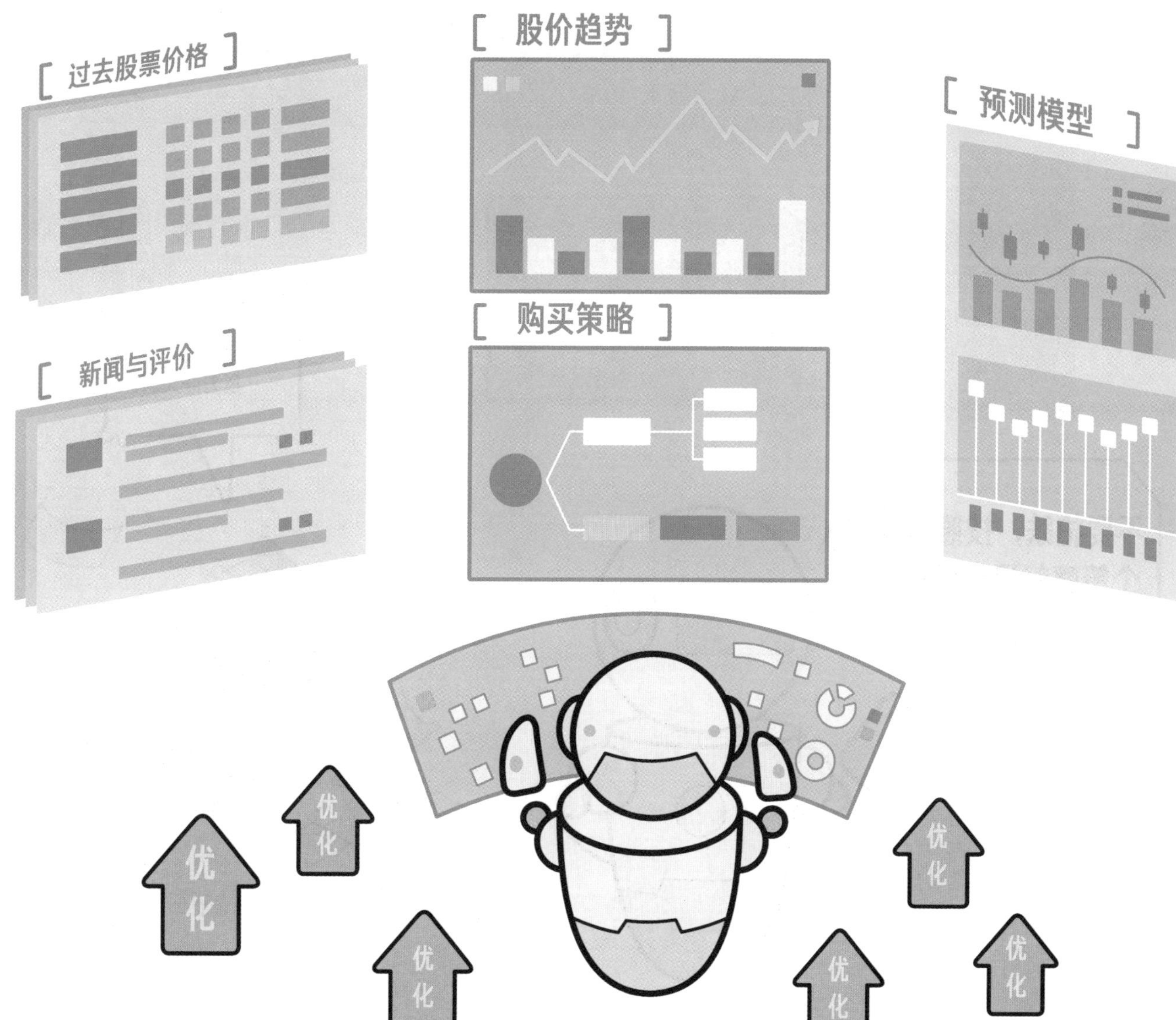

为了让 AI 交易员也具有这样的“思考能力”，它“上岗”之前需要“模拟炒股”一段时间，学习股票价格变化的规律，并利用这个规律尽可能最大化自己的收益。在这个过程中，AI 交易员需要自己发现可能影响股价的因子，可能是过去的股票价格，也可能是对应的股票的一些感性数据，包括相关新闻、网友评论等。在学习过程中，AI 交易员需要做两件事：一是，它需要根据选择的因子来预测“未来”的股价变化趋势；二是，它需要基于模型预测来决定此时的购买策略。通过这样的学习方式，AI 交易员就可以在不断的模拟交易中优化自己的预测模型和决策机制。

经过不断地训练、学习、优化，一个“训练有素”的AI交易员就被创造出来了，它能够独立地设计出投资组合，做出购买决策。因为没有情绪波动，并且会不断优化，它甚至要强过人类交易员。

为什么服务员和收银员先被AI机器人替代掉了？
对不住喽！

到目前为止，我们已经见过了无人工厂、无人仓库、无人银行，想想看，这些被 AI 替代的工作有什么共同点？它们是不是大部分都是单调、重复的？比如工厂中工人的任务就是反复组装零件，仓库中工人的任务是不停地把货物搬运到指定地点，银行中前台工作人员的任务是重复地填写各种标准化资料。

单调、重复、标准化，其实可以统称为机械化，既然是机械化的工作，当然机器人可以做得更好呀。我们再来看看餐厅里服务员和收银员的具体工作。服务员只需要将客户的点单记录下来，把单子传达到后厨，然后将制作好的菜品送到对应的餐桌上；收银员只需要根据小票上的信息收取对应的金额，这样的工作完全是单调、重复、标准化的，当然就很容易被机器人替代啦。其他类似的职位，比如前台、客服、会计等，也在逐渐被 AI 机器人取代。像爸爸妈妈以前会接到的推销电话，已经可以完全由机器人代替推销员拨打啦。

在机器人餐厅里，机器人主厨是怎么做菜的？

随着机器人的普及和机器智能的提升，你一定会想，还有什么是机器人不能做的，会不会机器人餐厅的菜也是机器人厨师做的。没错，机器人确实也可以做菜，炒菜的主要动作，如颠勺，机器人也可以完成，频率甚至可以精确到毫秒级别。

由于大部分菜品的制作流程都可以标准化，在配备了做饭机器人的餐厅中，大厨只需要将菜单发给机器人，机器人就可以执行相应的操作了。例如，客人点了一道宫保鸡丁，后台就会立马忙碌起来——洗菜机器人专门负责清洗，它会第一个拿到菜单并把需要的鸡肉、花生米和配料等都找出来，然后将它们清洗干净，然后刀工机器人便会接手将清洗完毕并“晾干”的菜品，将其切成需要的样子。

7 号订单

宫保鸡丁

接下来，掌勺机器人会准确地将油烧热到要求的温度，依次加入配料和食材，并严格按照菜谱上规定的烹饪时间和频率来执行翻炒将菜品制作出来。最后，摆盘机器人会将菜品装饰得美美的，交给服务机器人送到客人的餐桌上。

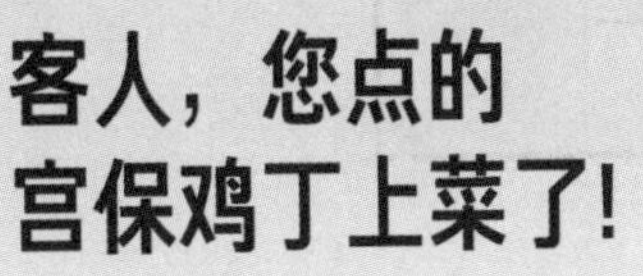

这样严格地执行整个流程，机器人可以保证做出顾客期待的味道吗？你可以有自己的答案哦。那么人类大厨去干什么呢？机器人可以执行菜谱却没有办法创造新的菜，现在有了更多时间，人类大厨就可以去做这类创意性的工作，比如去开发客人要求已久的新口味，研究更加有创意的菜式。

普通的病都被机器人医生看了，那么人类医生干什么呢？

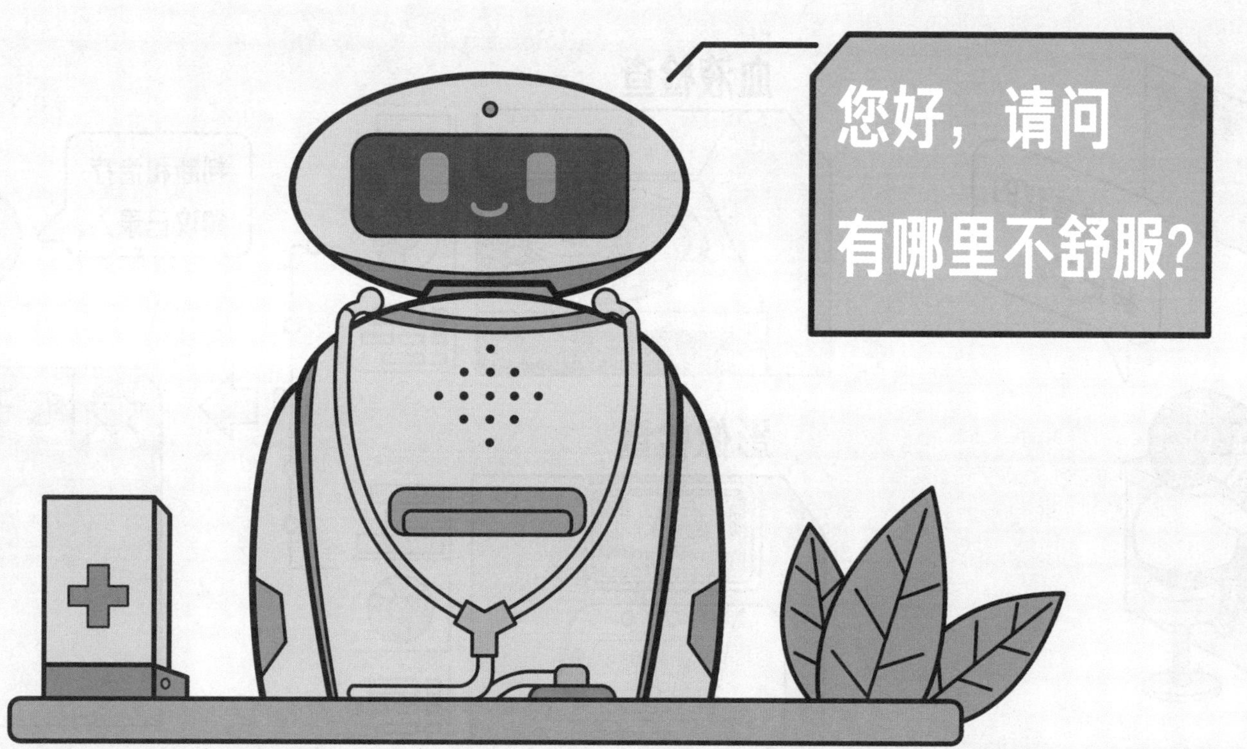

在AI时代，假如有一天隔壁的叔叔生病了，想要去医院看病，他遇到的“医生”可能会很不一样了。叔叔来到医院，通过机器完成挂号后，首先面对的会是一位机器人医生。这位医生会根据叔叔的信息生成病历，然后进行问诊，向叔叔询问一些常规问题，包括哪里不舒服、什么时候开始有了这个症状等。机器人医生体内的语音识别系统会聆听叔叔的回答，并生成电子病历。必要的话，机器人医生还会要求叔叔做一些检查，如果是血液检查，这方面的机器人医生会抽取血液，检测各项指标；如果是影像检查，负责影像的机器人医生则会仔细扫描，检查有没有任何可疑的迹象。不论是什么检查，机器人医生完成工作后都会将自己的判断和治疗建议录入电子病历中。

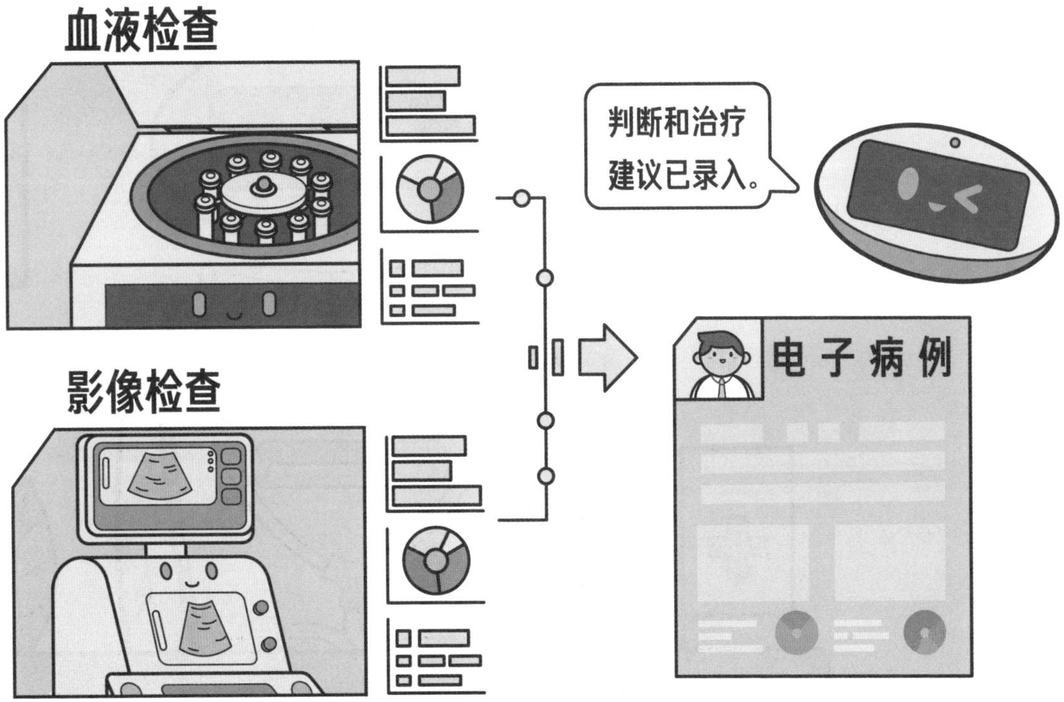

根据诊断结果，如果叔叔需要做手术，手术机器人可以帮助人类医生更高效、准确地完成手术。手术机器人的机械臂体积小且格外灵活，可以轻易在人体内有限的空间进行创伤最小的操作。它的端头还配备有显微镜一样的设备，可以实时观察到叔叔体内的情况，即便是像头发丝一样细小的东西也能看得一清二楚，从而保证更准确地完成手术。

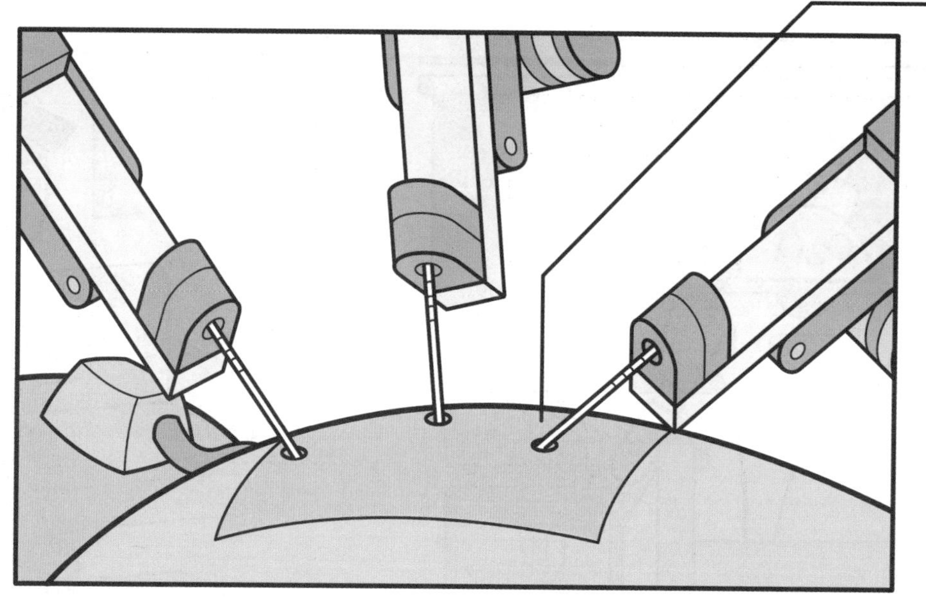

显微镜画面

如果叔叔需要住院，机器人护士可以做到 24 小时在线看护。等叔叔看完病回到家后，机器人医生会根据病历上记载的信息和最终给出的诊断定期访问叔叔，提醒他用药、复查等。机器人医生还可以提前预测叔叔的身体情况，比如叔叔的病例上记载了叔叔有季节性鼻炎，当春天快到来时，机器人医生就会提前给叔叔发消息：“春天快到了，为了尽量缓解鼻炎发作，建议出门时佩戴口罩。”

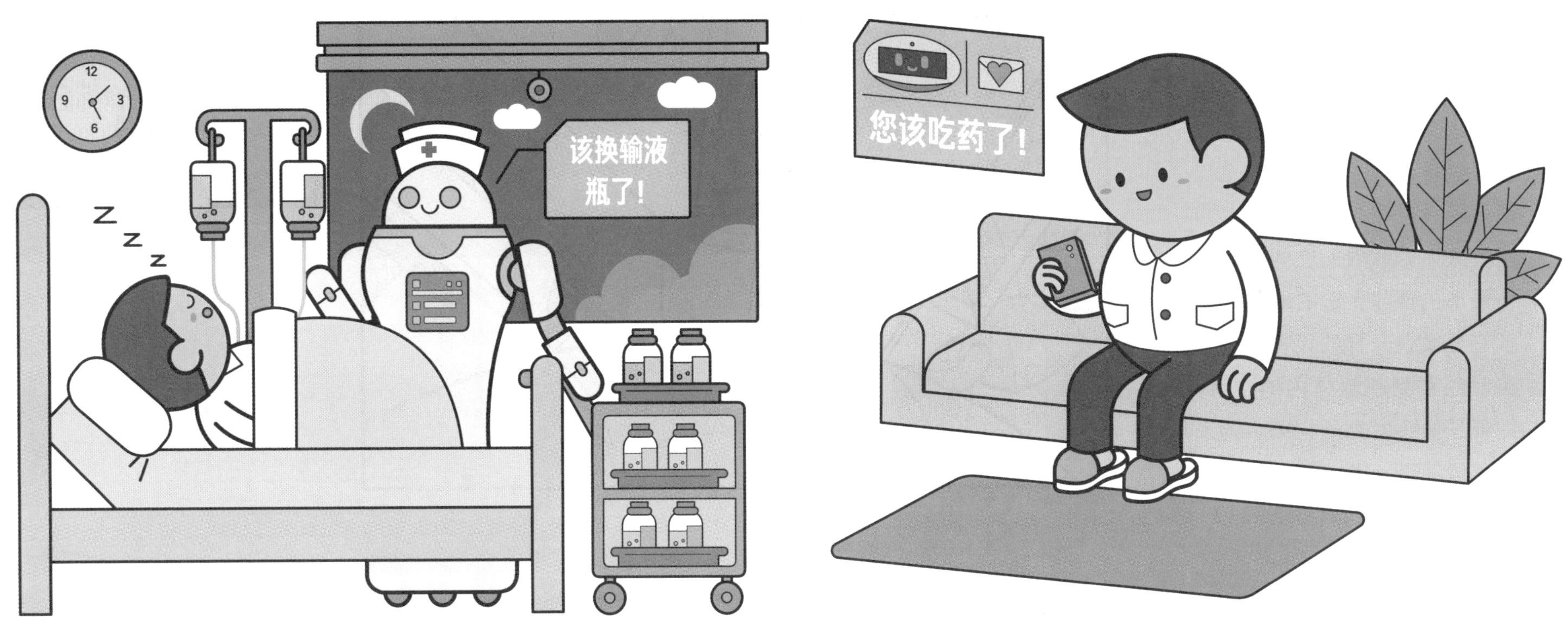

在常见病症的诊断和治疗上，机器人医生的诊断效率更高，服务也更全面。事实上，它的诊断准确率也绝不输于人类医生。根据研究表明，机器人医生对肺癌组织切片的评估比病理学家还要更精确呢。如果普通的医生不努力提高自己的专业水平，找到自己的核心竞争力，那么就没办法避免被机器人医生取代的结果了。

在AI医疗的时代，
还需要人类医生吗？

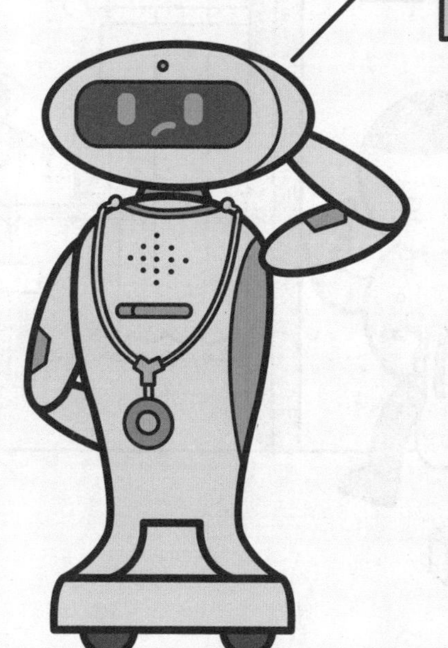

我们说人类医生会被机器人医生取代，并不代表机器人医生会取代所有人类医生，更不代表两者是站在对立面的。事实上，机器人医生和人类医生是互相补充的，是要结合起来为患者提供更多的优质医疗资源的。机器人医生可以代替人类医生去做那些标准化、流程化、重复性的工作。以后面对感冒这样的常见病，就不需要人类医生出手了，机器人医生就可以全部搞定。从患者的角度来讲，这是有好处的——看病不需要像以前一样排很久的队，我们常看到的“医生太少病人过多”的抱怨、看病困难的新闻将会慢慢减少，看病的过程也更高效。

而人类医生，则可以更专注于攻克疑难杂症和研究新型治疗方案等更需要创造力的工作。比如说当 AI 医生拿不定主意，或者发现这是一种非常棘手的病症，就会将病人移交到人类医生手上。另外，人类医生还可以为病人提供更多的人文关怀、心灵慰藉，毕竟，谁在生病时不希望听到“没事的，一切都会好的”这样的话呢？还有些医生则会和工程师们合作，进行 AI 机器人医生的设计开发，由于他们拥有丰富的医学专业知识，对医疗工作环境也更熟悉，他们可以帮助设计出更优秀的机器人医生。

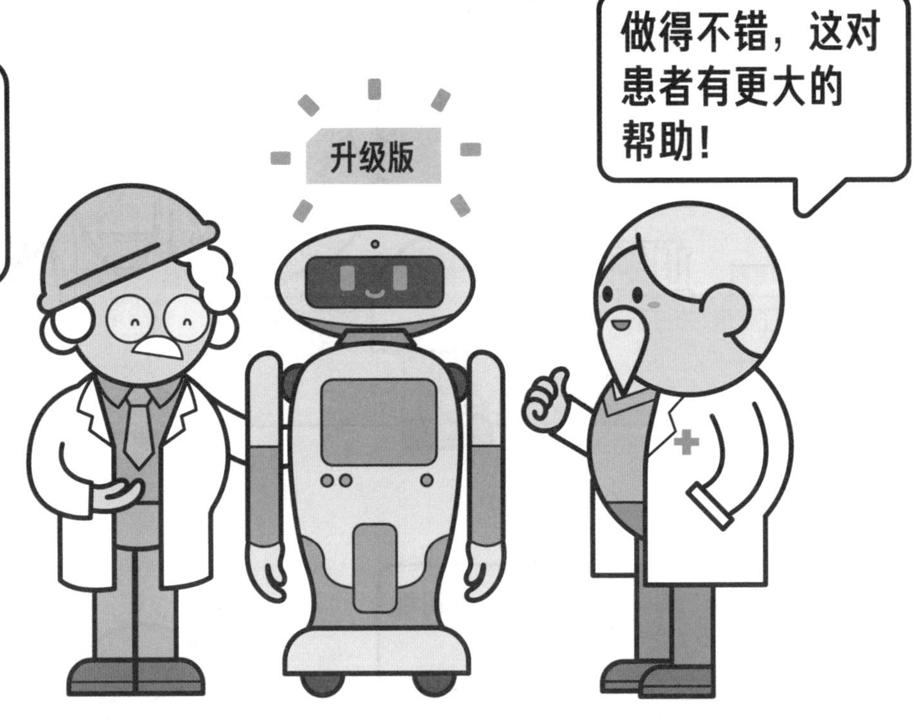

回到我们的问题：在AI医疗的时代，人类医生会不会找不到工作了？普通的医生可能确实很难找到工作了，但高水平的研究型人类医生将会越来越受欢迎。如果你的理想是成为一名医生，那么除了学习丰富的医学知识外，还必须掌握行业内最新AI技术的应用，培养优秀的沟通能力，这是在AI医疗的时代人类医生所需要拥有的核心竞争力。

AI健身教练能督促我锻炼，那还需要人类教练吗？

通过你佩戴的智能穿戴设备，AI 教练可以实时读出你身体的各项指标，如肌肉量、体脂率、心率、代谢速度、血酸、细胞含氧量等。根据这些信息和你的健身目标，AI 健身教练可以为你制订专门的训练计划和配套的饮食方案，并做到实时监控、及时提醒。

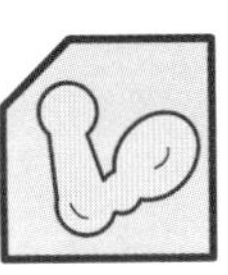

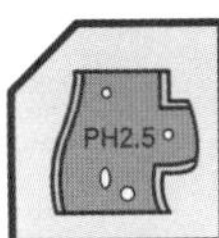

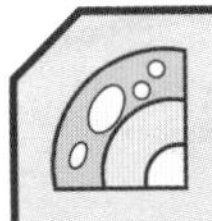

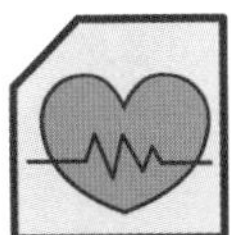

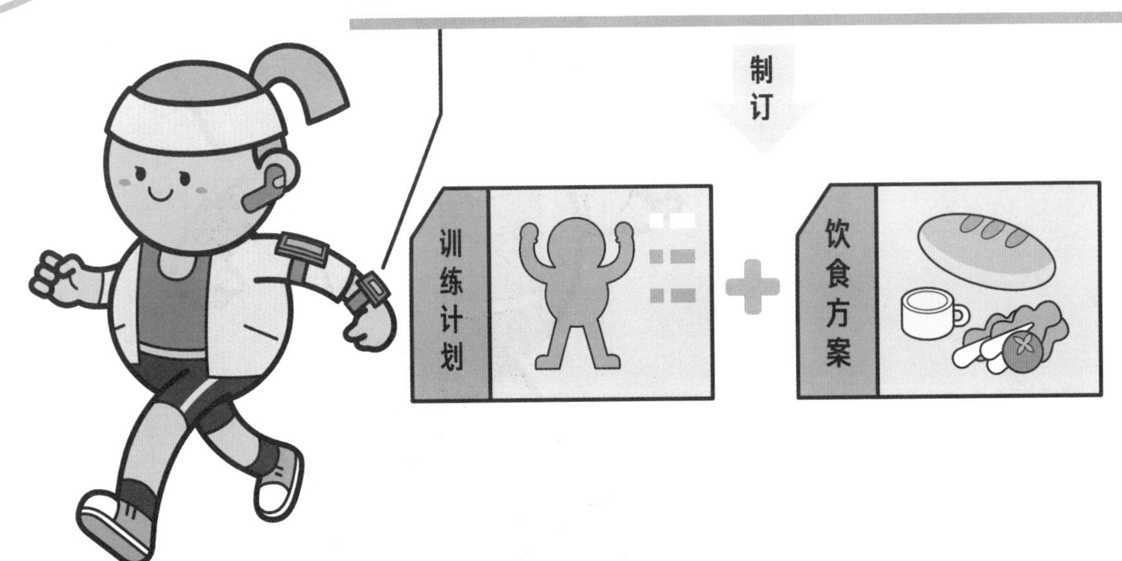

清晨，AI 健身教练设定的闹钟会准时响起，根据你的身体的实时数据和睡眠情况来推荐锻炼时长和早餐类别，比如今天早上可以简单地做 20 分钟瑜伽来更好地唤醒身体，然后喝一杯燕麦牛奶，这样吃得饱、营养又丰富。午饭时，AI 健身教练也会提前为你准备好推荐的菜谱，既保证对健身的辅助支持，又保证营养可口。

下午，智能穿戴设备上的震动提示被触发，到了健身的时间了。来到健身房后，AI 健身教练会指导你先做拉伸，再做热身。根据你的心率变化，AI 健身教练会时不时提醒你："现在心率还不够，需要跑得再快一点儿！""现在这个心率正好，保持保持。"锻炼时，你使用的器械上也有智能配件，可以记录你使用器械的姿势，并且将这些信息及时发给 AI 健身教练。如果姿势不对，AI 健身教练也会及时提醒你："错了错了！掌心要向前！这样错误的姿势可是很伤身体的。"

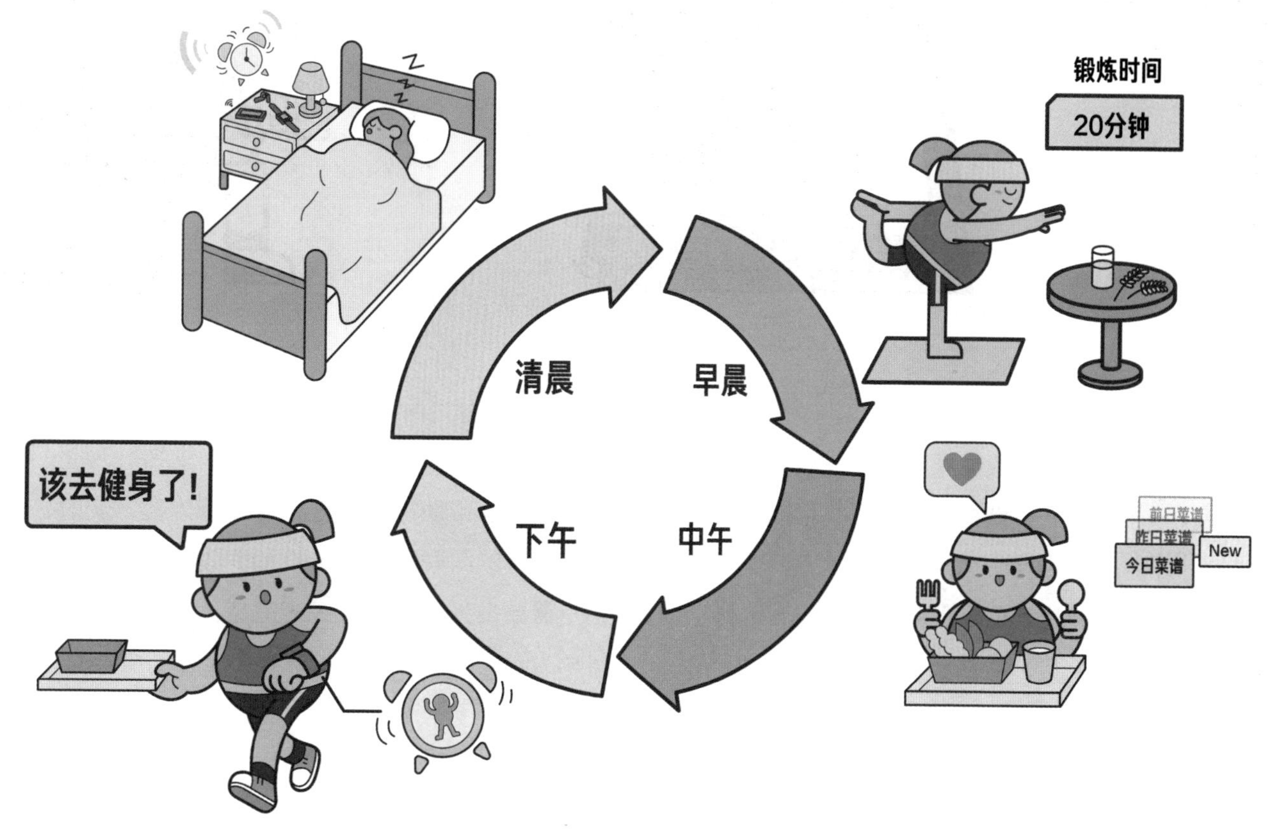

这么看来，是不是完全不需要人类健身教练了呢？

其实，我们忽略了一个问题——健身是很痛苦并且很难坚持的。即便有了科学的计划，人在执行时也常常会想放弃，很难坚持下来。现在健身房里的人类健身教练不仅需要为我们制订科学合理的健身计划，还要激励、鼓舞、帮助我们坚持完成计划。AI健身教练在我们锻炼时只能在旁边说“加油，坚持住”，而人类健身教练则可以提供更多精神上的支持。因此，在未来，AI健身教练可以帮助提供个性化的训练内容，实时、全面地监控以保证健身的科学性、安全性和有效性，关于激励和鼓舞的部分还是需要由人类健身教练来完成。人类教练还可以参与到运动科学的研究、AI教练的训练等更需要创造力的专业工作中去。

重置后的陪伴机器人可以被重复使用吗？

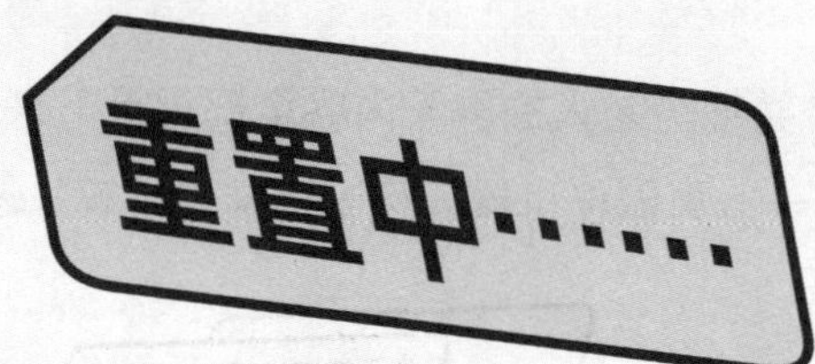

我猜，你想问的是能够为老人提供情感陪伴的机器人吧。毕竟仅仅提供端茶倒水等服务的机器人实际上是通用型的，不是专门为某一位老人服务的，并不需要被重置。

在日常生活中，由于老人的家人往往都忙于工作，出门看望朋友又不方便，老人往往是十分孤单的，陪伴机器人就需要承担起降低老人孤独感的任务。

陪伴机器人可以陪老人聊天，并把与老人的聊天内容全部记录下来。这样，一方面老人可以聊聊天，另一方面陪伴机器人可以逐渐“了解”老人——他喜欢葡萄不喜欢橙子，他在上学时学了音乐，数学是他最讨厌的学科，小女儿在北京工作，他总是很担心她……

陪伴机器人还可以建议并帮助老人去进行一些活动，比如，现在正好是周末，要不要给小女儿打个视频电话看看她最近的生活怎么样、工作忙不忙；最近有一部关于宠物的电影广受好评，要不要在家看看这部电影；你是音乐家，要不要放最喜欢的音乐听？陪伴机器人也会把这些建议和老人的反应都记录下来，下次机器人就会更清楚应该做什么。

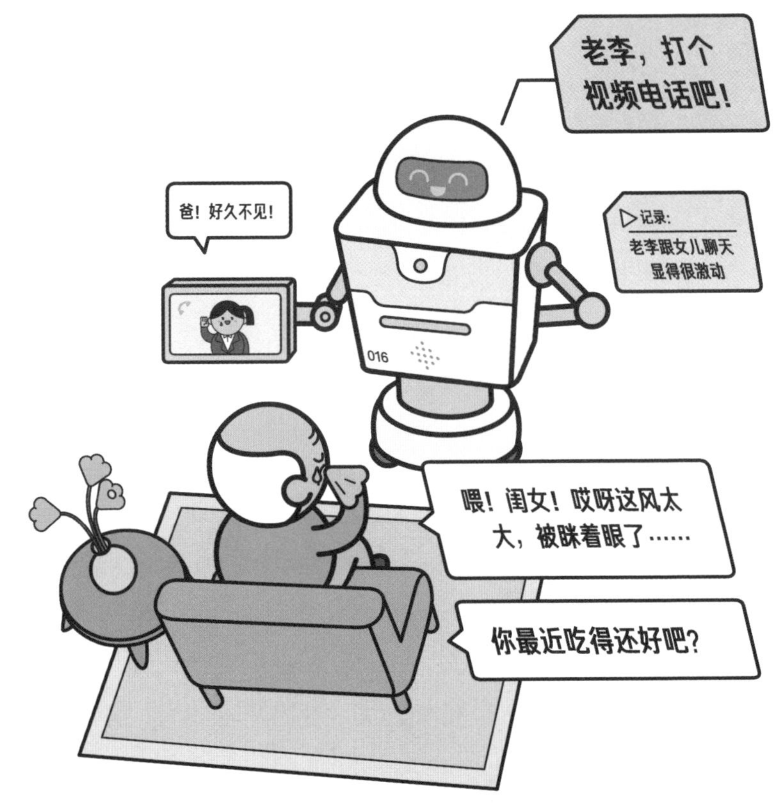

如果能够做好机器人的保养、维护，机器人就可以一直工作下去。但是老人的生命不会无限延续下去，当机器人陪伴的老人去世了，陪伴机器人就闲置了。为了实现资源利用的最大化，避免浪费，陪伴机器人会被安排去服务新的主人。

当我们为陪伴机器人选择新主人时，考虑到新主人和前主人是完全不一样的人，需要将关于前主人的记忆封存，甚至抹去，恢复“出厂设置”，这样才能更好地服务新主人。被重置后的机器人会重新开始学习新主人的喜好、习惯，以便为新主人提供个性化服务。

陪伴机器人会有关于前主人的记忆吗？

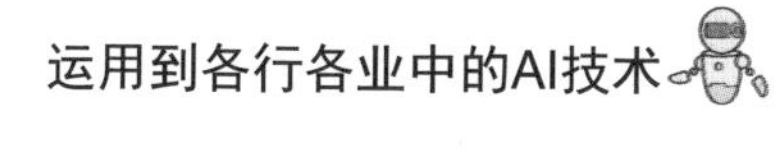

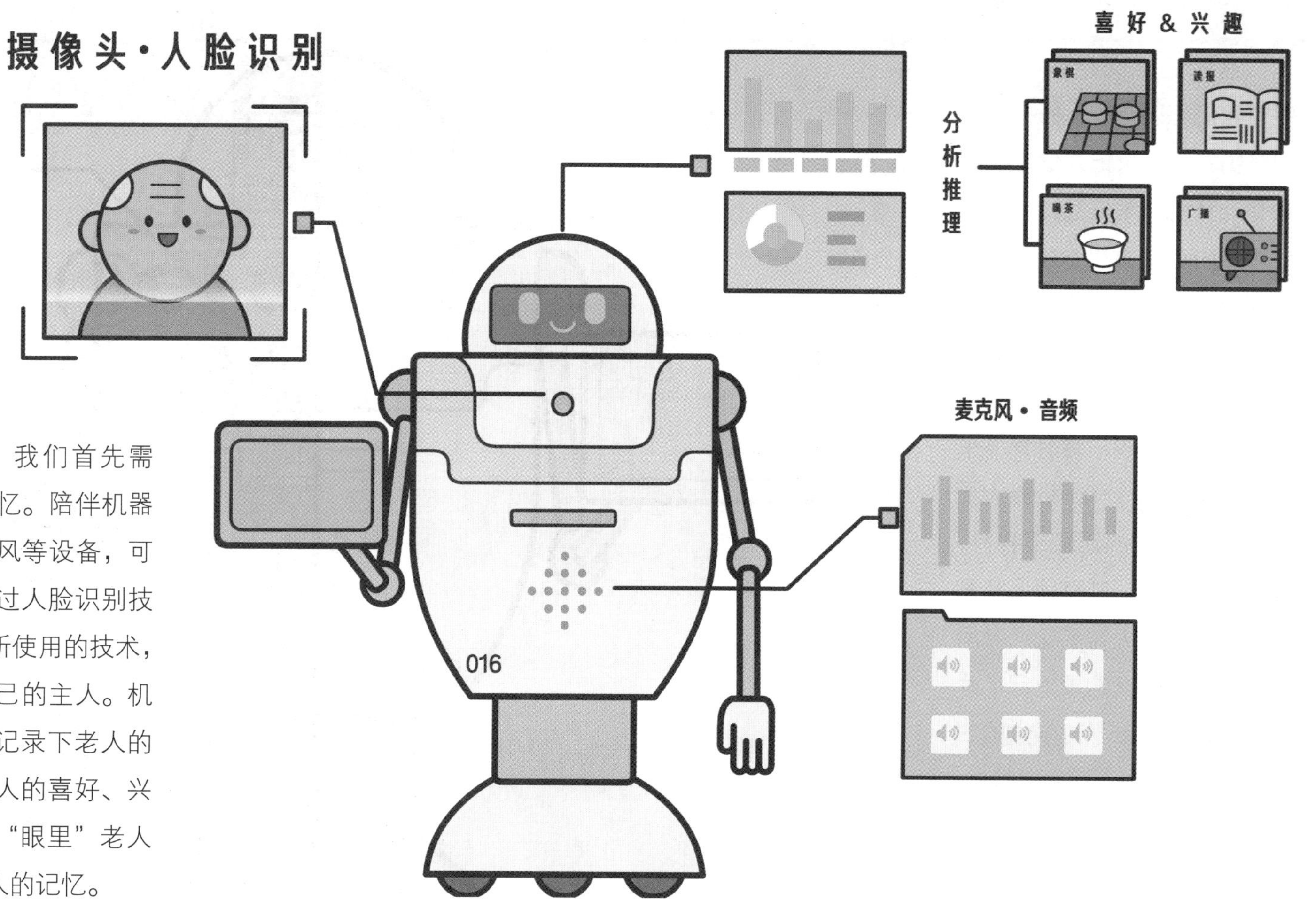

摄像头·人脸识别

喜好 & 兴趣

分析推理

象棋

读报

喝茶

广播

麦克风·音频

016

要讨论有没有记忆，我们首先需要定义什么是机器人的记忆。陪伴机器人身上装有摄像头、麦克风等设备，可以记录下主人的长相，通过人脸识别技术——门禁系统“刷脸”所使用的技术，就可以在一群人中认出自己的主人。机器人在与老人的聊天中会记录下老人的音频，并通过推理理解老人的喜好、兴趣等，这样就有了机器人“眼里”老人的样子。这些，就是机器人的记忆。

这些记忆又存储在哪里呢？我们可以修改、抹去这些记忆吗？机器人记录信息的方法和计算机非常接近，它们身上会有内存储器和外存储器两个部分用于存储记忆。内存储器容量不大，有点像我们人类的短期记忆，只能用于暂时存储记忆，就像我们临时背下来一串电话号码一样，机器人找到存储在这里的记忆很容易，但是忘得也快；外存储器容量大，但是机器人需要花点时间才能找到存储在这里的记忆片段，就像我们上学时学过的古诗到现在还能时不时回忆起来。

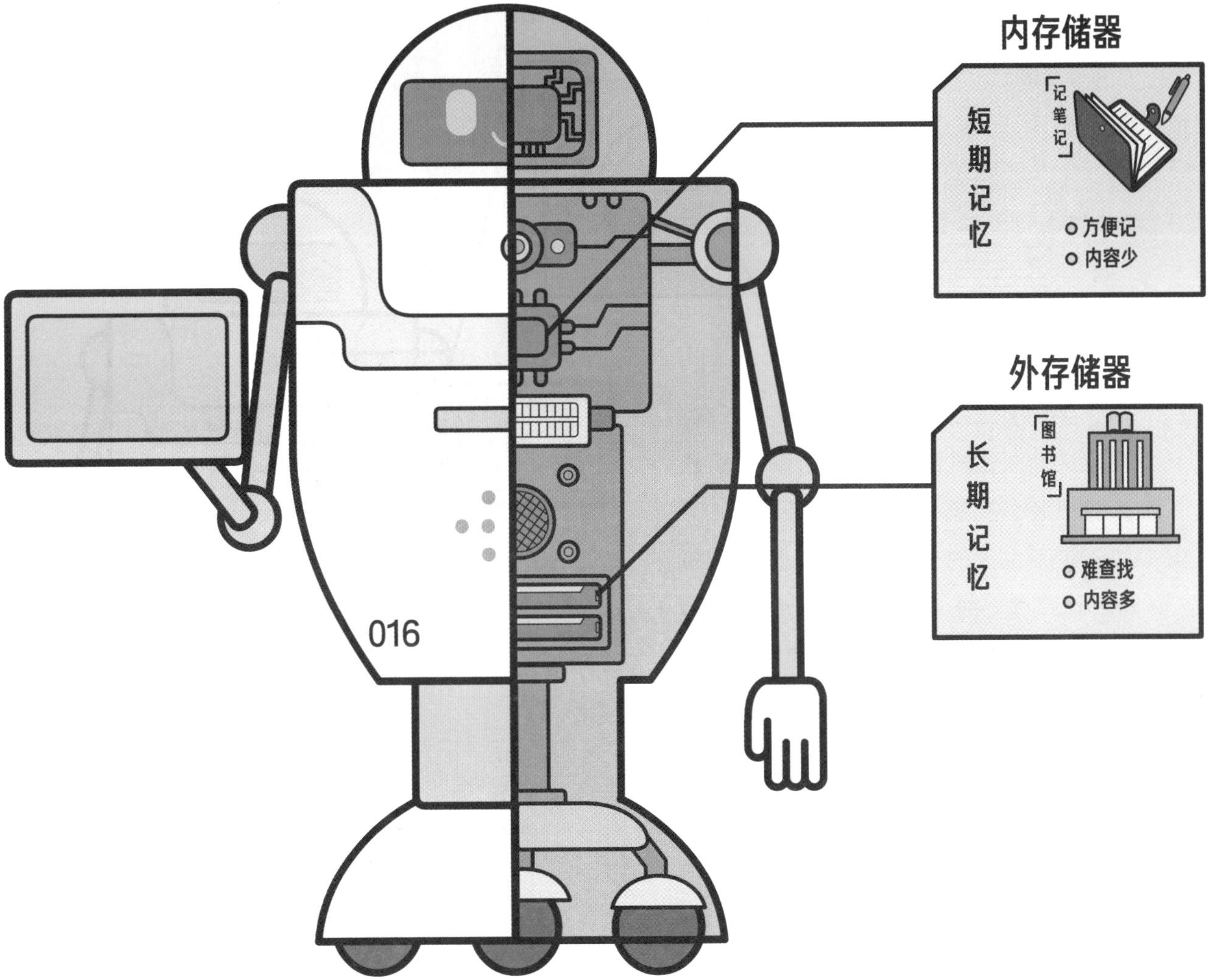

016

内存储器

短期记忆

「记笔记」

○方便记
○内容少

外存储器

长期记忆

「图书馆」

○难查找
○内容多

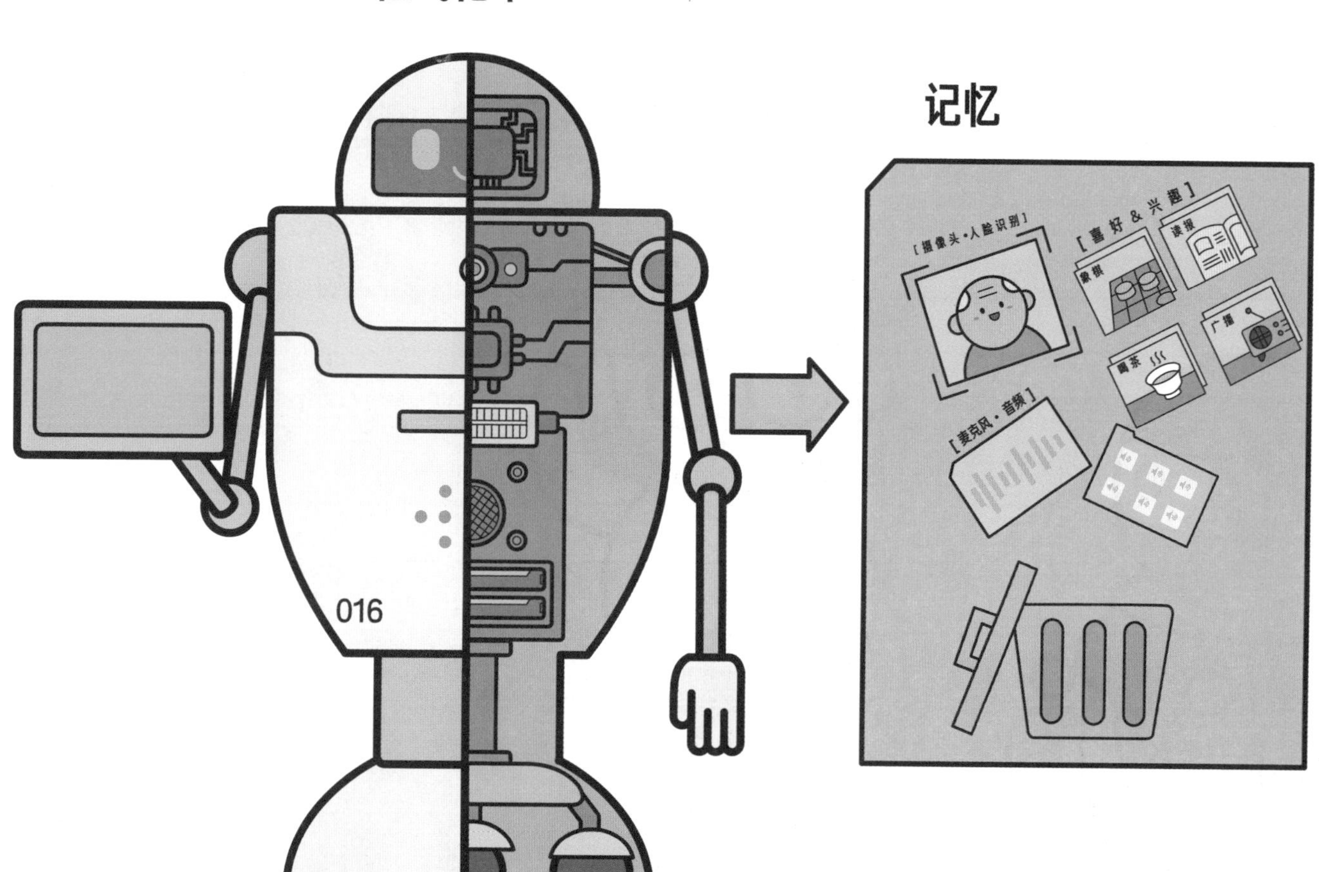

在陪伴机器人服务完前主人后，我们一般会将机器人的内存储器和外存储器格式化，抹去其中的内容。这样，陪伴机器人就“失忆”了。那么回到我们的问题，陪伴机器人会有关于前主人的记忆吗？相信你一定已经可以给出答案了——不会，因为它已经不再拥有存储在体内的那些记忆了。

以后还会有人类老师吗？如果有，他们做什么呢？

我们可以简单直接地给出答案：一定会有。但未来的教育会由人类老师和 AI 老师分工合作，在课堂上见到 AI 老师的次数也会越来越多。

引入 AI 老师的目的是确保教学过程中标准化、重复性的部分能够在一个比较高的水准之上，将优质的教学资源分给所有的学生，提升区域内，甚至整个国家的教育教学水平。目前总体上教育资源分配不均匀，优质资源相对稀缺，并集中在少数学校。有了 AI 老师，在师资匮乏的地区，讲知识这件事就交给 AI 老师了，学生在交通不便的地区上学一样能够接受到北上广的名师教育，这样可以缩小地区间教学水平的差距。

另外，对于人类老师来说，如果要带的学生太多，他就可能顾不过来。但对 AI 老师来说，这根本不是问题，它可以实现“千人千面”的教学模式。例如，以后的课堂练习上，每位学生都能得到 AI 老师量身定制的练习题。根据你的练习结果，AI 老师会知道你对哪方面的知识掌握还不够牢固，据此更新下一次的练习内容，并帮助你确定需要加强学习的内容、制订学习计划。

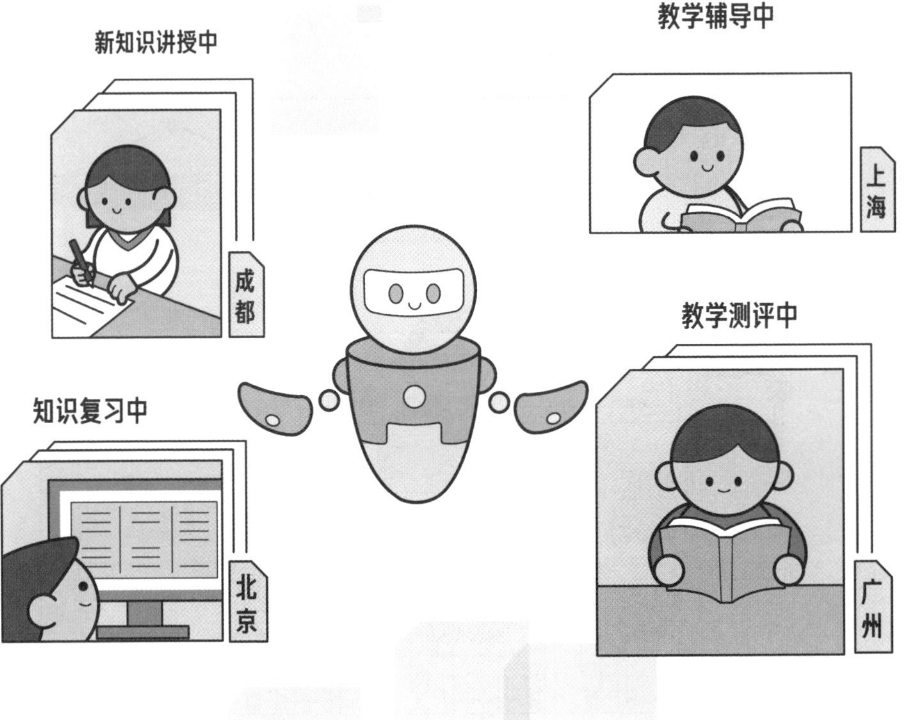

我们常说老师“教书育人”，也就是说老师的责任有两个——教书和育人。教书主要是帮助学生完成知识的习得，现在这部分工作可以由AI老师来分担了，那么人类老师就从繁重的工作中解放出来了。人类老师可以有更多的时间来实践新的教育方式，从底层设计上去提高课程质量，更能够集中在教育的另一个目的——育人上，人类老师会花更多的时间去鼓励学生享受学习的乐趣、探索未知的世界，甚至去做一些情感引导。当然，这也对人类老师提出了更高的要求，人类老师首先要立身修德，才能言传身教，引领学生发展。那些无法承担起育人责任的老师，可能就不再适合老师这个身份了。

言传身教——礼貌接待客人

那些经验丰富又能够在 AI 新时代坚持学习最新技术的人类老师，则可以参与到 AI 老师的训练中，将研究出的优秀教学方法传达给 AI 老师，以进一步提高 AI 老师的教学质量。通过人类老师与 AI 老师的合作，我们希望能为新一代的学生提供更好的教育。

人类老师培训AI老师

048

少年 AI 一百问

如何保证无人驾驶的安全性？

看了关于无人驾驶的描述，你的内心有没有一些期待呢？不过我猜，不论有多么期待，你的内心肯定还是有一些对无人驾驶安全性的担忧。为了确保无人驾驶的安全性，工程师们设计了一系列安全措施。

首先，我们需要考虑数据收集环节。比如，无人驾驶汽车上的信息收集员们——摄像头等会不会突然失灵？为了以防万一，车上一般需要配备多名信息收集员。另外，收集到的信息必须精准，如果前方 10 米处有一对正在散步的夫妻，信息收集员必须能够准确地探测到这一情况，不能反馈说前方 10 米处有一个形状奇怪的障碍物。信息收集员收集信息的速度也要足够快，毕竟汽车是一直在向前行驶的，这也是为了保证收集到的数据、信息有足够的时效性。

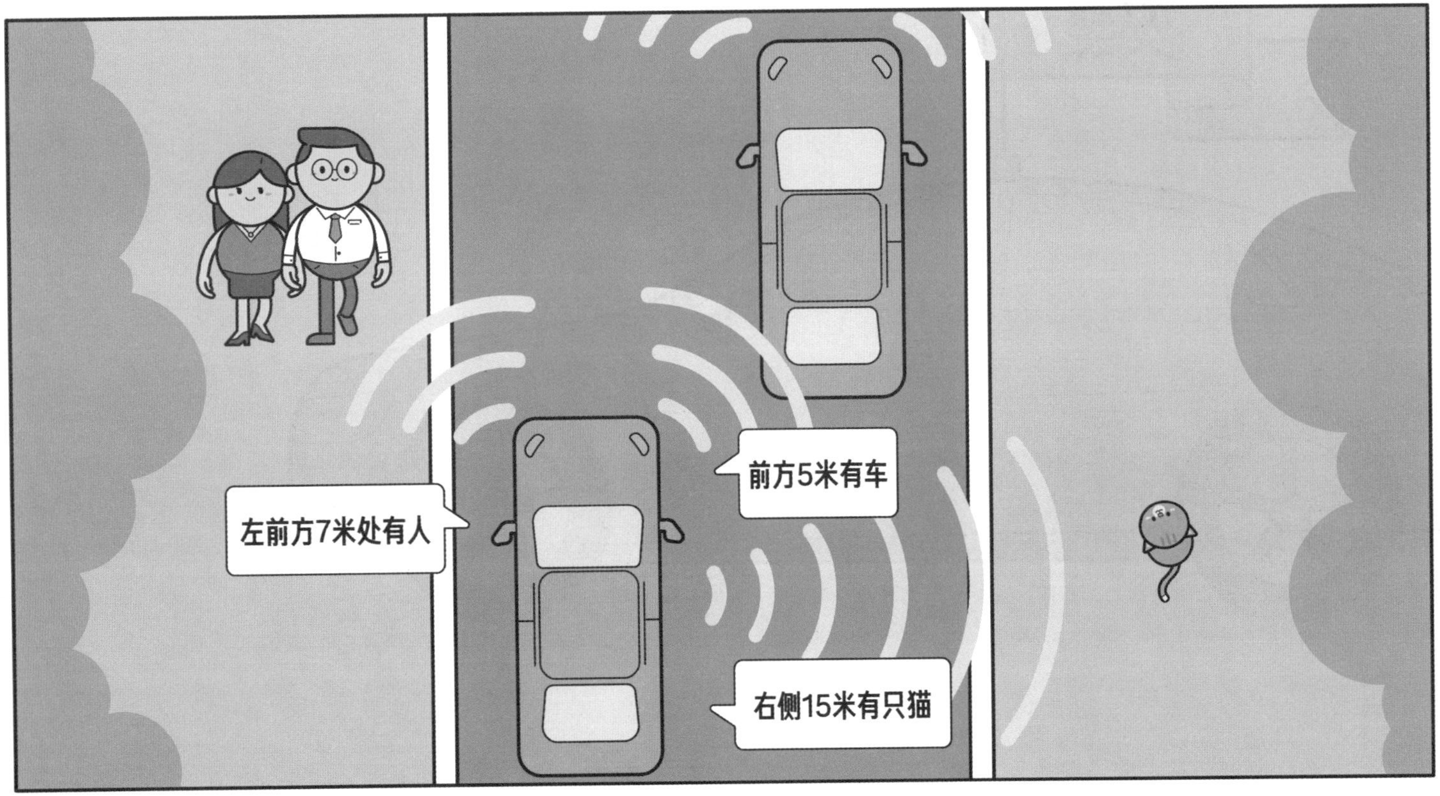

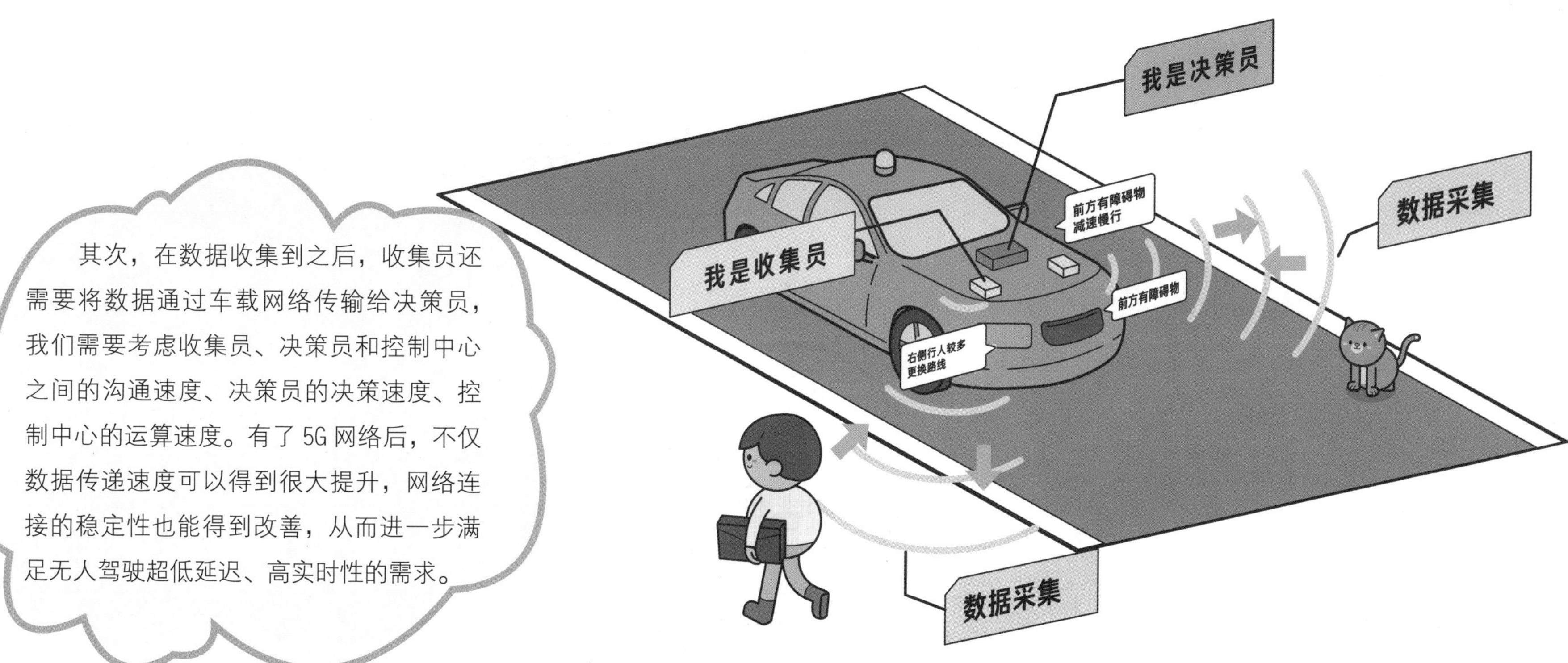

其次，在数据收集到之后，收集员还需要将数据通过车载网络传输给决策员，我们需要考虑收集员、决策员和控制中心之间的沟通速度、决策员的决策速度、控制中心的运算速度。有了5G网络后，不仅数据传递速度可以得到很大提升，网络连接的稳定性也能得到改善，从而进一步满足无人驾驶超低延迟、高实时性的需求。

总的来说，无人驾驶开发公司可以模拟一座城市，在其中测试在不同情况下无人驾驶汽车的表现情况，并对上面提到的每一种情况进行专门测试。2010年谷歌开始对无人驾驶汽车进行测试，两年间行驶了50万千米，一起事故都没有发生。到2016年时，一共只发生了12起事故，其中7次根据交警认定责任都是在第三方而非无人驾驶汽车。另外，在美国加利福尼亚州有记录的114起涉及无人驾驶汽车的事故中，超过70%都是由人类司机造成的。2016年1月弗吉尼亚理工大学发布的研究报告显示，人类驾驶员平均每行驶160万千米左右会发生14.4起轻微剐蹭等不严重的事故，而无人驾驶汽车只有5.6起。大部分资料也显示，90%以上的事故是由驾驶人员的不当操作造成的。用无人驾驶来代替人类驾驶，从目前的数据来看，是更安全的。

为什么AI撰写新闻稿的速度那么快？

其实，从2000年左右开始，AI就开始参与到新闻写作中了。一开始，它只负责信息搜索，比如今日的新闻主题是刚刚结束的足球比赛，比赛双方是比利时队和法国队。AI就可以搜索过去比利时队和法国队的战绩，以及过去几年这项足球比赛的冠军是哪一支队等。

随着人工智能研究的深入，AI写作的水平越来越高，它也越来越深入地参与到新闻写作中了。现在的AI写稿可以分为原创和二次创作两种。如果仅仅需要报道一些最新数据，比如足球比赛的结果和比分，AI可以抓取数据直接生成报道。这些报道大部分只陈述事实，不发表任何观点，或者仅引用别人的观点，并且有着相对标准的格式。在这些文章中，不需要太多的人为创作，但要保证准确性和时效性。

现在，越来越多的AI写出的新闻稿属于“二次创作”的类型。就像经过训练的AI可以根据论文写出摘要一样，AI也可以根据比赛的文字直播摘出新闻稿。它会先按照它对这段文字的精彩程度的理解，对文字进行排序，然后选择想要纳入自己报道的文字，再对这些文字进行压缩、融合和润色。只要拿到比赛直播的文字，AI就可以快速创作出新闻稿。

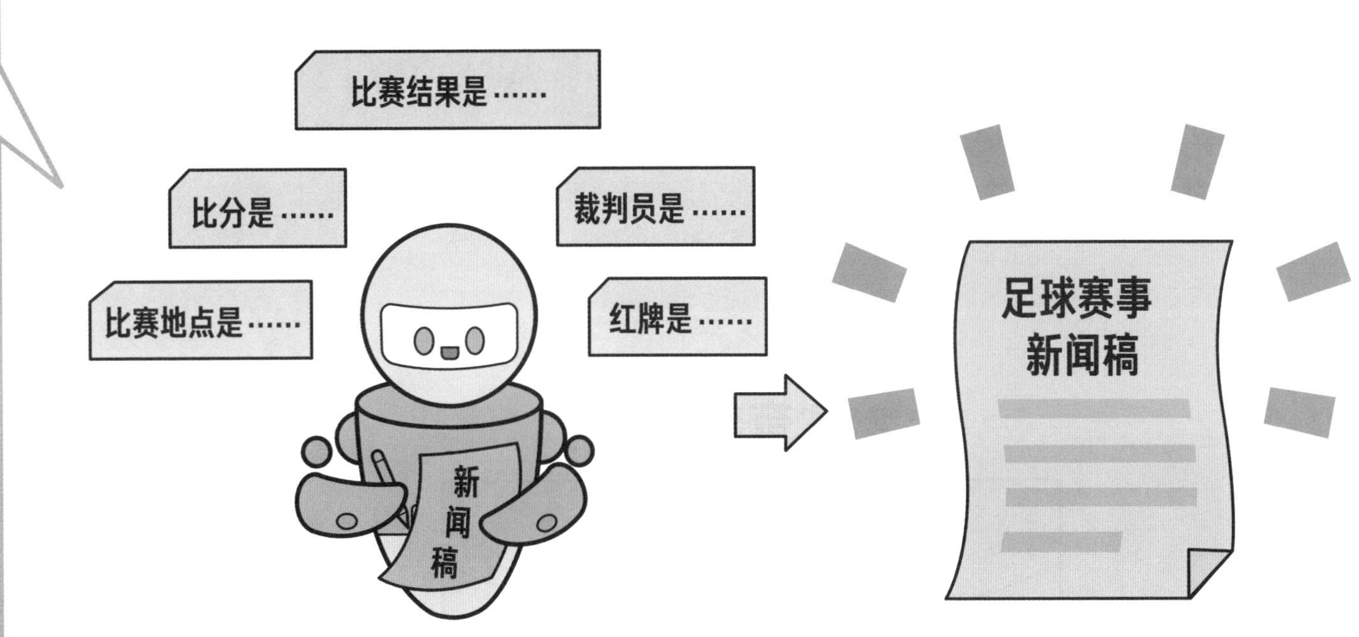

其实AI也可以不借助任何文字资料直接原创——我们将它叫作抽象式方法，但这种从零开始进行创作的方法对AI来说难度较大，在新闻撰稿中运用得也比较少，科学家们还在对这方面进行积极探索。AI更擅长结构化的、标准化的、模板化的写作，而人类的创作更具灵活性和多样性，如何赋予写作AI更强的创造性，或者说人性，这是该领域内科学家正在努力的方向。

050

少年AI一百问

写作 AI 也是需要学习和训练的。写作 AI 一般是通过阅读大量的文章来学习基本的语言表达，经过大量的学习之后，它就能够写出通顺的句子了。现在一些模式比较固定的文章，如前面提到的体育赛事的新闻稿，往往是由写作 AI 来完成的。写作 AI 写出来的这些新闻稿用词准确、句子通顺，读者基本无法分辨是机器人写的还是人写的。写作 AI 的优势主要是写作速度远超人类，可以在几秒钟之内完成一篇稿子的撰写。对于体育赛事的报道除了准确性外，当然最关注的还是时效性，也就是说要第一时间对赛事内容进行报道，这对 AI 来说不在话下。

但到了写小说时，由于需要创作的篇幅比较长，创作内容的逻辑是不是通顺就变得十分重要了。另外，我们阅读小说等文字作品，可以从中获得共鸣；根据自身过去的经历和感受，我们也可以创作出令他人感同身受的文字内容。小说是我们与他人产生情感交流的桥梁。然而，AI既无法与这些基于人类情感的文字产生共鸣，也几乎不可能对生活有任何体验。这种非结构化、非标准化的创作对AI来说是一个挑战。

目前写作AI还不能独立完成这么复杂的叙事，需要人类先设定好主人公、故事梗概等内容，AI主要负责根据它学习到的文章素材进行内容填充。通过这种方式，2016年日本的松原仁教授带领团队创作的小说《机器人写小说的那一天》参加了日本“新星一奖”比赛。当年一共有4部AI创作的小说参加了比赛，并有一部通过了初赛。可以说，AI写小说虽然还处于起步阶段，但潜力是很大的。

AI音乐家是如何工作的？

要想通过训练使AI学会做音乐，我们同样需要大量数据来作为训练资料。对于AI来说，学习音乐创作和学习写文章有类似的地方，在学写作时，首先要大量地阅读，那么在学做音乐时，多听就很有必要了。科学家们会给AI听一组音符，要求它预测接下来出现的音符。在这个过程中，AI会逐渐"理解"用作训练的音乐的风格，包含的元素，它的节奏是什么样的，旋律是如何重复和转换的，其中和弦的用法，等等。

学习不同音乐家的作品，AI就能做出不同风格的音乐，如果你想听某种风格的音乐，如巴赫的钢琴曲，可以在AI音乐平台上将音乐家选择为巴赫，乐器选择为钢琴，就能够很快享受到AI创作的巴赫风格的钢琴曲了。如果你希望有一些舒缓的音乐帮助自己静下来学习，选择合适的学习对象，AI也能够按照要求创作出合适的轻音乐。目前，AI创作的音乐完全可以达到"以假乱真"的地步了。有一个小故事，科学家用巴赫的352部作品训练了人工智能Deep Bach（Bach就是巴赫的名字）后，将DeepBach创作的音乐片段放给了1600多人听，其中半数以上的人都认为这是巴赫本人的作品呢！

创作中国民乐
风格中……

我们是352部
巴赫音乐作品
记忆中……
姓名：Deep Bach

在既需要保持创新，又需要保证产量的音乐行业，AI 还可以用来辅助创作。我们只需要弹出一些音符或者片段，AI 就可以接着创作出一段完整的旋律，作曲家或音乐创作人可以从中得到很多灵感；AI 还可以对输入的音乐进行增色，使其在保留自己的风格的同时变得更丰富。这样的人机合作，往往能碰撞出很不一样的火花。

最后，即便是没有音乐基础或者刚刚入门的人，也可以通过这种方法享受到音乐创作的乐趣，有了 AI 的帮助，用音乐表达自我变得容易多了。

人类科学家和AI该如何分工？

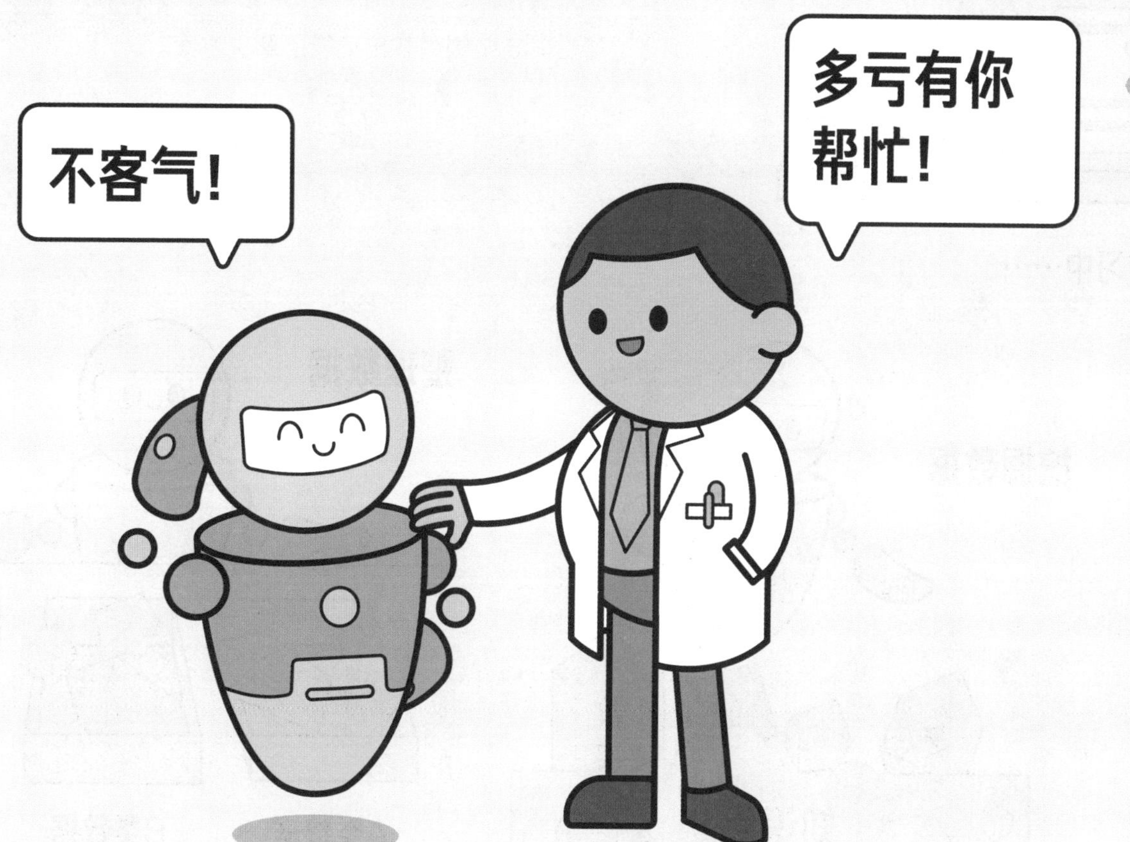

在科学研究领域，AI 研究员就像是科学家的助手，要成为一名合格的助手，训练、学习、进化是必不可少的。在完成 AI 研究员的初步训练之后，科学家会把问题分配给 AI 研究员，然后 AI 研究员就需要在一定范围内找出可能的解决方案。

具体到科学研究的每一步来看，科学家可以根据自己的研究兴趣和对问题价值的判断来选择问题，也可以先由 AI 在知识库中进行挖掘，寻找概念之间的联系，然后把结果传送给科学家，科学家可以在 AI 的提议中找到一些有意思的方向。

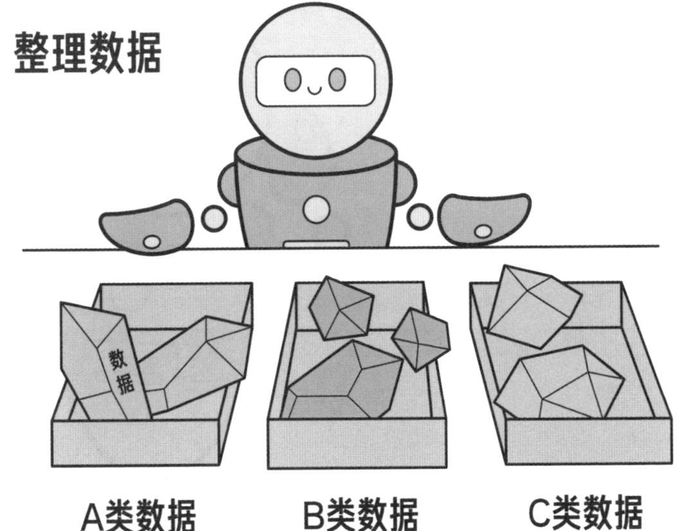

确定了要研究的问题，并根据问题收集到足够多的数据后，科学家就可以利用 AI 来设计、模拟、推算可能的解决方案了。比如，医学家想要建立拍到的影像和肿瘤之间的对应关系，他们只需要将收集到的影像，按照病情进行分类，然后交给 AI，接着只需要等待 AI 的分析结果就可以了。

AI 还可以用来生成科研论文，这样科学家花在论文写作上的时间就会减少，当然就有更多的时间去做研究了。在挖掘概念之间的关联时，AI 已经深入学习了该研究领域的知识库和相关论文，所以在完成学习后，它既具备全面的学科知识，又擅长写各种风格类型的论文。科学家只需要将实验记录、数据结果输入，再选择相应的模板，很快 AI 就能生成一篇论文了。科学家只需要稍加编辑，对最后提交的论文质量把好关，就可以向杂志社投稿了。目前，已有 AI 撰写出的被国际会议接受的论文了。

有了 AI 这样“聪明”的助手，科学家可以把时间精力更集中地投入原创性研究当中去了。

编辑审稿

论文生成中……

出版

稿件

士兵能在AI时代做什么？

2018年，英国的科学家在模拟的城市战场环境中测试了他们的AI扫描系统SAPIENT，这个系统可以检测到士兵周围的潜在危险。以往，士兵需要用摄像头充当“眼睛”，拍摄街道内的场景，然后对拍摄到的影像进行检查、分析，进而做出判断。而SAPIENT系统则把“眼睛”安装到了飞行在城市上空的飞机上，并能够对拍摄到的图像进行自动识别，找到敌军位置、判断战斗时机。士兵收到实时的系统信息，就能够随时投入战斗，或从战斗中及时撤出。

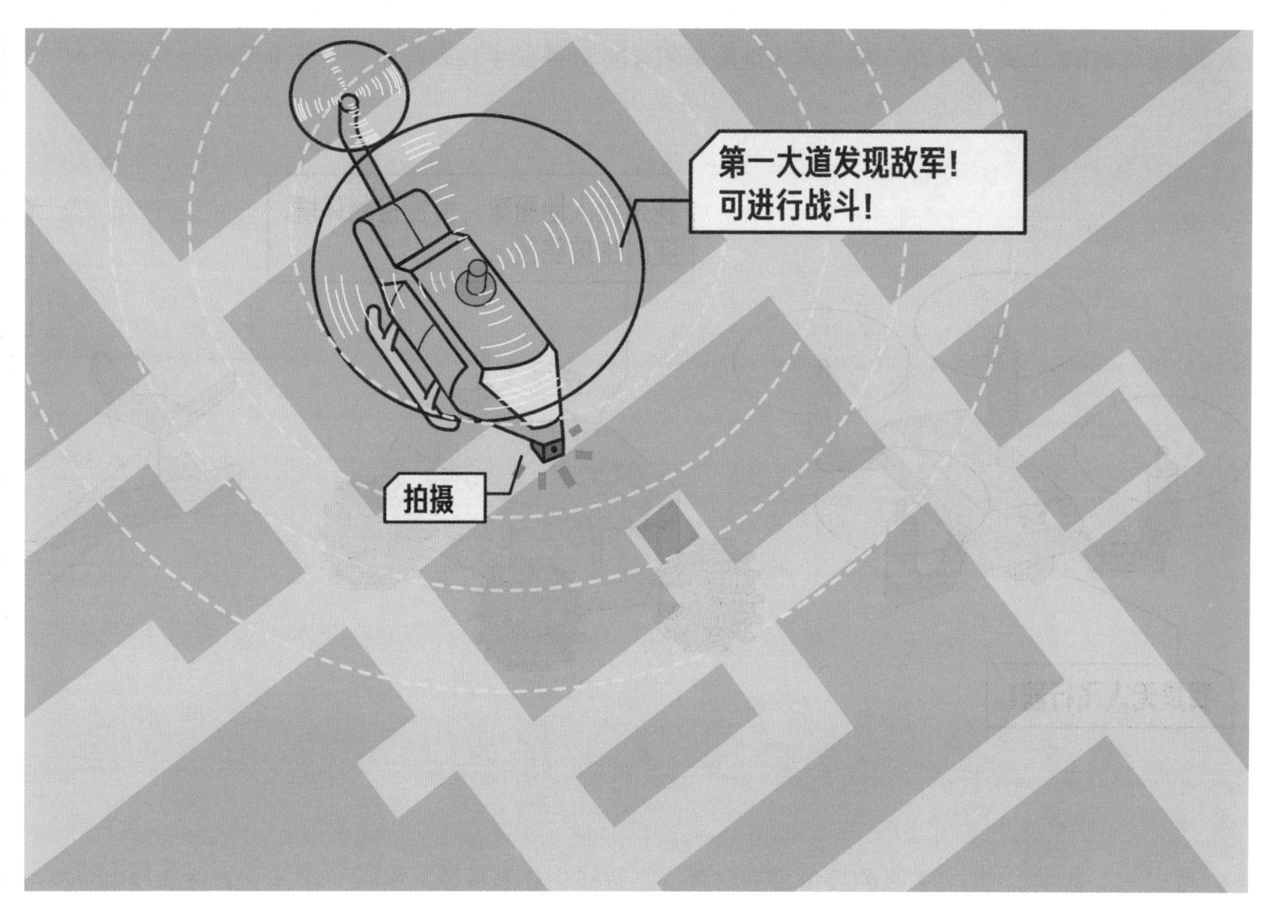

另外，很多战斗装备也装上了AI系统，包括无人飞行器、无人地面车、无人潜艇、智能炸弹等。无人地面车能够在路上不断检测周边环境，实时生成或调整通过路径，确保到达目标位置。和前面提到的SAPIENT系统一样，无人地面车配备的AI系统中也有自动情报采集与图像识别的功能。智能炸弹可以自主反击，如果它检测到了敌方的炸弹进入了自己的管控区域，便会主动攻击敌方炸弹，先发制人，避免己方设施或人员受到打击。另外，智能炸弹还可以智能追踪目标，做到对目标的选择性精确追踪打击。

我是无人飞行器！

我是无人地面车，负责检测环境，实时生成路径。

我是智能炸弹能自主反击，主动攻击敌方，先发制人。

我是无人潜艇！

未来的战争是高科技、高智能化武器系统、高素质作战人员的对决，因此，士兵必须快速学会新型武器和系统的操作，能够熟练地进行人机交互，甚至在具体环境中快速地修改武器系统。总之，在AI环境下的学习力关系到作战能力、战争胜负，所以AI时代的士兵必须不断提升自己的学习能力！